# 刊行にあたり

お米は世界で年間約7.5億t（籾ベース）生産され、トウモロコシ、小麦と並んで、世界の三大穀物とされている。特に主食として、世界人口の約半数のカロリー源となっており、その生産と消費は、アジアに90%が集中している自給的作物である。世界の食糧需給は、人口増加と耕地面積の減少、異常気象や水不足、BRICs等における食生活の変化等の観点から長期的には不足するものと予想され、穀物の国際価格は変動が大きい。こうした世界の食糧需給問題は、ウクライナ戦争により、さらに顕在化している。わが国の米生産量は、年間約700万玄米tであり、残念ながらその消費量は毎年減少している。わが国は、食料自給率（カロリーベース）が約38%と、先進国中最低水準であり、食料自給率向上のための努力が必要であり、お米の生産および消費の維持・拡大が喫緊の課題となっている。このようなお米を巡る社会情勢のもとで、日本食糧新聞社のご尽力により、ここに「お米の未来」が刊行に至ったことはきわめて意義深いことと感じている。

本書では、第1章で「コメの機能性と消費拡大」と題して、お米のおいしさ、成分と機能性、世界および日本におけるお米を巡る情勢と消費拡大に向けた取り組みを紹介している。第2章で「コメ加工技術の変遷」と題して、加工米飯、炊飯、日本酒、米菓、餅、米粉などの各種加工食品や精米装置、炊飯器、製粉機などについて解説している。第3章で「コメのこれから」と題して、お米とSDGs、メディカルライス、米デンプンや米タンパク質の新しい機能性、プラントベースフード、スマート農業など、お米の未来にかかわる最近の動きを紹介している。

本書は、日本人が古来親しんできたお米に関する最新の動きと将来性について解説したものであり、お米に関心のある一般読者に広く興味を持っていただけるとともに、それぞれの分野に関係する多くの企業や団体などにとっても役立つものと期待される。

お米に関する研究開発の第一線を走っておられるご多忙の中で、本書にご執筆いただいた皆様に心からの感謝を申し上げるとともに、刊行に至るまで、多大なご尽力を頂いた株式会社日本食糧新聞社の平山勝己副社長、佐藤路登世記者、山本美香子氏に深甚の敬意を表したい。お三方無くして本書は誕生しなかったものと考えている。

3月吉日

再発見！コメの魅力

# お米の未来

第1章 コメの機能性と消費拡大



# コメの機能性と食味

新潟薬科大学応用生命科学部応用生命科学科　特任教授　大坪研一

## わが国における米食史概観

わが国における米食史は以下のようにまとめられる[1)2)]。縄文時代、弥生時代においては、籾のままで焼いたり煎ったりした後に籾殻を除いて食べる焼米や、玄米のまま甑（こしき）で蒸した強飯（こわいい）として食べられた。奈良・平安時代には、コメは蒸したり煮たりして食べた。強飯は甑で蒸した。蒸さないで煮たものが粥であり、貴族は精白米を用いたが一般には玄米が食されていた。鎌倉時代には、武家を中心に、蒸した玄米食である強飯が一般に食され、精白米は公家や僧侶の一部の食事に供されていた。室町時代には、コメの収穫量が増し、庶民もコメを常食するようになり、強飯や湯漬等も用いられ、炊き干しの飯も増加した。江戸時代は日本料理が完成された時代であり､精白程度や炊飯方法も現在とほとんど変わらないものとなった。各種の粥や雑炊、おむすびやすしも利用された。明治以降、米食の割合が高まり、戦後の食糧難を経て、昭和30年代は国民一人当たりのコメ消費量が最高となった。その後、経済力の向上と食生活の変化にともない、コメ消費量は減少し、今日に至っている。

現在は、家庭用ではコシヒカリ等の軟質で粘りの強い品種が増加しており、業務用では、一般飯用米を強い火力と大量炊飯技術によって良食味となるように炊飯している。また、冷凍米飯、チルド米飯、無菌米飯等の加工米飯も増加している。

国産米の特徴としては、世界的には少数派であるジャポニカが大部分であり、軟らかくて粘りのある米飯となること、収穫後の技術蓄積によって異物の混入が少なく、普及した低温貯蔵によって保管状態の良い米が提供されるという点があげられる。

## 和食とコメ

日本人の伝統的な食文化は「和食」として知られている。和食の特徴は図表1の通りである[3]。

日本人は季節ごとに和食を楽しむ。たとえば、お正月には「おせち料理」や「お雑煮」を楽しむ。春先には、菜の花から作られる漬物やたけのこの炊き込みご飯を楽しむ。暑い夏の日には、焼いたうなぎや冷やしたスイカを食べる。さわやかな秋には、私たちは紅葉を見に行ったり、焼いたサンマや香り高い松茸を楽しんだりする。冬には、温かい鍋料理や鮭と野菜の味噌煮込みを食べる。

和食の特徴はまた、図表2のようにも要約できる。

コメは和食の主原料の1つである。日本の伝統的な食事はカロリー摂取量（日本では1980年代のPFCバランスが推奨されている）の点でバランスがよくとれている。コメからの高炭水化物食、低脂肪食、野菜や大豆からの高食物繊維食、魚からの豊富なn-3系脂肪酸、

**図表1 和食の特徴**

(1) 和食は自然を尊重することから始まり、現在に続いている。
(2) 和食は、行事や祭事のための食品としての役割を担う人々の絆をつなぐために集まることによって家族と地域を結びつける。
(3) 和食は特別な行事の料理で、健康と長寿を願うのにつながる。
(4) 日本は地理的条件と気候条件が非常に多様であるため、和食はきわめて多様である。和食はユネスコによって2013年に無形文化遺産に登録された。

**図表2 和食の特徴**

(1) 味噌汁とおかずはご飯を食べるためのものであり、「一汁三菜」は和食の基本スタイルである。
(2) 和食の基本にある食材はとてもおいしく、そして多様である。
(3) 和食の調理には、切る、煮る、焼く、蒸す、煮る、和える、揚げるなどがあり、料理はさらにおいしくするために配置されている。
(4) 味の面では、「うま味」は「おいしく食べる」ために日本人が発見した最大の知恵である。
(5) 栄養の面では、和食は栄養バランスの理想的なモデルである。
(6) 人々を迎えるおもてなしの心と作法も大切である。
(7) お箸とお椀は和食を支える。
(8) 日本酒は和食の魅力を引き立て、そして心を落ち着かせる。
(9) 和菓子とお茶は人々の生活に身近な存在である。

典型的な和食の例

そして緑茶や野菜からポリフェノールを豊富に摂取できる。最近では、日本食はおいしいだけでなく健康的であるため、世界中で人気になっている。日本の農林水産省によると、世界中で、日本食レストランは 2017 ~ 19 年の間に約 30%増加している[5]。

## コメの成分と構造

世界のコメは千粒重が 5 ~ 42 g に分布しており、日本のコメは 21 ~ 24 g の範囲のものが多い。コメの粒形の点では、極長粒（7.51㎜以上）、長粒（6.61 ~ 7.50㎜）、中粒（5.51 ~ 6.60㎜）、短粒（5.50㎜以下）に分けられ、日本のコメはほとんどが短粒である。

籾から籾殻を除去したものが玄米であり、稲の果実に相当する。玄米は、外側を果皮、種皮に覆われ、胚（胚芽）と胚乳から構成される。胚乳部は主としてデンプンが蓄積されており、タンパク質顆粒や脂肪顆粒がわずかに存在する。胚は玄米重量の 2 ~ 3 %を占め、幼根、幼芽などを含み、次世代の植物体となる。胚にはタンパク質、脂質、ビタミン $B_1$ などの栄養成分が多く含まれている。

日本標準食品成分表によれば、玄米に含まれる炭水化物は 72.8%、精米では 75.8%であり、炭水化物の大部分を占めるデンプンの特性がコメの品質・食味に与える影響はきわめて大きい。デンプンは、グルコースが α -1,4 結合で連なった直鎖状のアミロースと、α -1,4 結合に加えて一部に α -1,6 結合の分岐を有する樹脂状のアミロペクチンから構成されており、世界のコメのアミロース含量は 0 ~ 33%に分布している。アミロースがない糯米（もちごめ）の飯は軟らかく粘りが強いが、アミロース含量が 30%を超えるような高アミロース米は、硬くて粘りの少ない米飯となる。また、コメのデンプン粒径は他の穀類に比べ小さく、角張った多角形をしている。したがって、紙や皮膚によく付着し、平滑面に変える効果がある。もちデンプンは糊化しやすく、老化しにくい特徴がある[6]。

世界的な地球温暖化のなか、イネ登熟期の異常高温は、玄米の充実不足、白濁、胴割れを多発させ、外観品質と精米歩留まりを低下させ、一等米比率を低下させるのみならず「食味」にも影響すると懸念されている。コメが白濁したものを白未熟粒といい、乳白粒・心白粒・腹白粒・背白粒・基部未熟粒がある。白未熟粒は、デンプン蓄積の不良なコメが、デンプン粒間にできた隙間と粒表面の凹みにより光が屈折し、乱反射することで白く濁り、不透明になる。白未熟粒はもろく砕けやすく、炊飯するとべたついて粒の形が崩れやすいため、加工には不向きである。白未熟粒の発生要因として、デンプン合成系の酵素の活性が高温で低くなり、デンプンを抑制する酵素や分解する酵素α - アミラーゼの活性が高くなることで、米粒中のデンプンが減少していくため、乳白粒のアミロース含量は完全粒に比べ低下傾向を示す[7-9]。

コメの水分含量は、貯蔵中の品質劣化に大きく影響する。籾水分および貯蔵温度が高いほど、貯蔵籾の品質変化が著しく、また、精米特性や米飯の食味等にも深くかかわっている。非常に低い水分含量は、浸漬中に裂傷粒となって食味の低下につながり、高水分の玄米は、砕米が発生し吸水率が低下傾向を示す。わが国のコメの水分含量は平均 14.9%である。

コメのタンパク質は、玄米で約 7.4%、精米で約 6.8%含まれ、タンパク質含量の高いコメは、硬く、粘りの少ない飯になるので好まれない傾向にあり、高タンパク質であるほど色調、吸水性が低下し、糊化、膨化が抑制される[10]。また、コメのアミノ酸スコア（タンパク質の栄養価の指標）は 61 であり、小麦粉（中力粉、39)、トウモロコシ（コーングリッツ、31）に比べ、穀類タンパク質としてはアミノ酸組成の優れたタンパク質である。欧米では小麦たんぱく質に起因するセリアック病に苦しむ人も多いが、コメはグルテンを含まないのでその問題がない。

わが国の慢性腎臓病（Chronic kidney disease）の推定患者数は、約 1,330 万人といわれ、成人の８人に１人にあたる数で、人工透析患者もすでに 26 万人を超え、その数は毎年１万人ずつ増え続けている。主食を低タンパク質米にすることによる食事療法が効果的であることが報告されている[11][12]。

コメは、玄米で約３%、精米で約 1.3%の脂質を含んでいる。胚芽、糊粉層、サブアリューロン層に多く含まれ、細胞内では、スフェロゾームとよばれる脂肪球として存在する[13]。また、古米臭の生成とデンプンの糊化、日本酒の香りなどに脂質が関連するといわれている[13]。コメの貯蔵におい

図表3　コメの一般成分[14]

| 食品名 | エネルギー (kcal) | 水分 (g) | たんぱく質 (g) | 脂質 (g) | 炭水化物 (g) | 灰分 (g) | 食物繊維 (g) | ビタミン $B_1$ (mg) |
|---|---|---|---|---|---|---|---|---|
| 玄米 | 346 | 14.9 | 6.8 | 2.7 | 74.3 | 1.2 | 3.0 | 0.41 |
| 七分つき米 | 348 | 14.9 | 6.3 | 1.5 | 76.6 | 0.6 | 0.9 | 0.24 |
| 精白米 | 342 | 14.9 | 6.1 | 0.9 | 77.6 | 0.4 | 0.5 | 0.08 |
| 胚芽精米 | 343 | 14.9 | 6.5 | 2.0 | 75.8 | 0.7 | 1.3 | 0.23 |
| 飯（玄米） | 152 | 60.0 | 2.8 | 1.0 | 35.6 | 0.6 | 1.4 | 0.16 |
| 飯（精米） | 156 | 60.0 | 2.5 | 0.3 | 37.1 | 0.1 | 0.3 | 0.02 |
| 発芽玄米 | 339 | 14.9 | 6.5 | 3.3 | 74.3 | 1.1 | 3.1 | 0.35 |
| 米ぬか | 374 | 10.3 | 13.4 | 19.6 | 48.8 | 7.9 | 20.5 | 3.12 |

資料：「日本食品成分表」（2020年版）より引用
注　：数値は可食部100 g当たりのエネルギーおよび含有量を示す。

ては、タンパク質やデンプンに比べ、脂質の分解がもっとも速く進行するので、品質劣化の指標として脂肪酸度の測定が用いられる[13]。

図表3より、コメの主成分はデンプンであり、主としてエネルギーの供給源であること、玄米は、精米に比べて、脂質、灰分、食物繊維、ビタミンが多いことがわかる[14]。

## コメの機能性

### (1) デンプン

デンプンはコメの約75%を占める主要成分であり、アミロースとアミロペクチンから構成される。アミロース含有率やアミロペクチンの分子構造は、炊飯米やコメ加工食品の食味や物性に大きく影響する。アミロースとアミロペクチンは、ともにグルコースが多数結合した多糖である。アミロースはグルコースがα-1,4結合により直鎖状（結合角のため、らせん状となる）に結合し枝分かれが少ないのに対し、アミロペクチンはα-1,4結合による直鎖にα-1,6結合による多数の枝分かれが規則的に配置されたクラスター構造をとる。アミロペクチンにはグルコース重合度300～600程度の長い枝（超長鎖）の存在が知られている。日本のうるち米主要品種のアミロース含有率はおおよそ16～20%である。また、米粉麺などへの加工適性が高い品種として、アミロース含有率が25～35%程度の高アミロース米品種も栽培されている。アミロース含有率は炊飯米の「粘り」「柔らかさ」に関連しており、アミロース含有率が低いと炊飯米は粘りが強く、柔らかくなる傾向にある。米粉パンに向くのはアミロース含有率が20～23%程度と、日本の一般的なうるち品種より若干高アミロースの品種である。アミロペクチン特性の品種間差も、炊飯米の食味やコメ加工品の品質に影響を及ぼす。とくに、アミロペクチンの枝の長さが、デンプンの糊化や老化に強く関与し、その結果、炊飯米や加工食品の物性だけでなく、酒米の醸造適性にまで影響している。

農研機構の松木と佐々木は、炊飯条件を変えた玄米の炊飯米において、食後血糖値とそのデンプン消化性について白米との比較を行った結果、血糖値曲線下面積値は、玄米2.0倍加水＞白米＞玄米1.5倍加水の順であった[15]。松木らは食後血糖値上昇の抑制効果が期待されている超硬質米を用いて玄米炊飯米のデンプン消化性を評価し、「コシヒカリ」と比べると、消化抵抗性が非常に高く、急速に消化されるRDS含量が顕著に低いが、加水量を2倍から3倍炊飯条件に増やすことでRDS含量は増加し、デンプンの消化性が高くなることを明らかにした[15]。玄米炊飯米の柔らかさとデンプンの消化抵抗性は相反する関係にあるので、玄米炊飯米については機能性向上とおいしさの両立を可能にする加工・調理技術の開発が重要な課題である。コメによる食後血糖値上昇およびインスリン応答は、①デンプン構造特性（アミロース－アミロペクチン比などの品種特性）、②コメの収穫後の一次加工（パーボイリング、籾すり脱穀など）、③消費段階における加工（調理、貯蔵、再加熱など）の主として3つの要因が関連している。

### ⑵ タンパク質

精白米においてデンプンに次ぐ栄養素はタンパク質であるが、その含量は約6.1%と低い。しかし、コメは主食であるため、食品群別摂取量でみると多量に摂取しており、食品群別のタンパク質摂取量でみると、肉類や魚介類に次ぐ3番目に重要なタンパク質供給源となっており、植物性食品のなかではもっとも重要なタンパク質供給源となっている。米胚乳タンパク質は2種類のプロテインボディとして存在し、被消化性も異なっており、主としてアルカリ法で精製されて動物実験等に供される。久保田らは、難消化性とされる米プロラミンが炊飯工程によって難消化性になることを報告し、米タンパク質の脂質代謝改善作用（AE-REP 摂取群で血漿総コレステロール濃度が有意に低下、肝臓中の脂質パラメーターの低下）、抗肥満作用（標準飼料区、高脂肪飼料区における有意な体重増加抑止効果など）、米タンパク質水解物によるインクレチン分泌促進などの糖尿病および糖尿病合併症進行遅延作用等、さまざまな機能性を有していることを報告している[16]。

### ⑶ 脂　質[17]

こめ油は、日本で商業的に生産される植物油のなかで、唯一大部分が国産原料から製造される油である。こめ油は風味の良さや特有の風味があることから、日本の食文化にもよくマッチし、日本料理店で好んで利用される。また、酸化しにくく加熱しても安定な特長を有し、良質の油として、ポテトチップスや米菓の揚げ油、マヨネーズやドレッシングなど幅広い食品に使用されている。こめ油に含まれる不けん化物は、主にγ - オリザノール、植物ステロール（フィトステロール）、トリテルペンアルコール、ビタミンE（トコフェロールとトコトリエノール）等であり、これらの成分は高い保健機能をもつ機能性成分である。こめ油のγ - オリザノール(OZ)は 1954 年に初めて米ぬかから単離・同定され、oryzanol と命名された。OZ は、心身症における身体症候ならびに不安、緊張、抑うつに対する改善および抗高脂血症の医薬品として用いられている。OZ の機能性発現は、体内で分解されて生じるフェルラ酸、植物ステロール、トリテルペンアルコールの機能と考えられ、抗酸化作用やアルツハイマー症に対する治療や進行の抑制などの機能はフェルラ酸によるものとされている。玄米に含まれる OZ は脳機能の改善によって抗肥満作用を示すとの報告がある。また、糖尿病時における膵臓機能不全に対しても OZ は作用することが報告されている。こめ油は、脂肪酸エステルおよびフェルラ酸エステルの含量が他の植物油よりもとくに多いことが知られている。米ぬか由来のステロール画分は、高脂肪食依存性の肥満や食後高血糖を抑制する作用、肥満や糖尿病の予防・改善に効果的な因子としての作用が期待される。こめ油はビタミンE（VE）を豊富に含み、トコトリエノール（T3）を多く含むという特徴がみられる。こめ油は、他の家庭用油にはない OZ、TTA、T3 などの特長的な機能性成分を豊富に含む。こめ油は日々の食事のなかで機能性成分を手軽においしく摂取できる魅力的な食品である。

### ⑷ 食物繊維

植物細胞壁を構成する物質の種類としては、セルロース、ヘミセルロース、不溶性ペクチン質（プロトペクチン）、リグニンがある。細胞壁を構成しない物質には、水溶性ペクチン質（ペクチン）、ガム質、粘質物、海藻多糖類などがある。食物繊維のもつ特性として水溶性と不溶性があげられるが、排便促進は不溶性食物繊維による効果であり、水溶性食物繊維は栄養素の吸収に対する影響がある。食物繊維の物理化学特性に基づく機能としては、溶解性とゲル化能、保水性と水中沈定体積、陽イオンや陰イオン、非イオン性物質への作用などが報告されている。食物繊維の消化管における機能としては、口腔内における働き（食事時間を長くさせ、満腹感や満足感を高めることより肥満の防止）、胃から小腸における働き（食物の胃からの排出の遅延、小腸での消化吸収の抑制）、大腸における働き（腸内菌による短鎖脂肪酸の産生、大腸の健康維持）や排便促進作用などが報告されている。腸内細菌を介した機能としては、短鎖脂肪酸による脂肪の蓄積の抑制や、n- 酪酸が免疫系やバリア機能に良い影響を及ぼすことのほか、ヒトにおける脳腸相関も最近の関心事である。レジスタントスターチは不溶性食物繊維の有する糞便量増加効果と水溶性食物繊維の有する腸内発酵増進効果の両面をもつ。

コメには、玄米で約３％、精米で約 0.5％の食物繊維が含まれている。早川らは、玄米食では、大腸の下部にわたって玄米食由来のデンプン（RS1）を各大腸部位に供給し、その結果として、遠位結腸にいたるまで腸内細菌による発酵を盛んに保っていることを明らかにした[18)]。

### ⑸ 微量成分

玄米にはビタミン $B_1$ が約 0.4mg含まれているが、精米では約 0.08mgに激減する。江戸時代から第二次世界大戦後にいたるまでわが国で大きな問題となった脚気の原因は、副食が少なかった精米食によるビタミン $B_1$ 不足といわれている。鈴木梅太郎博士が米ぬか中に微量栄養素であるビタミン（ビタミン $B_1$）が存在することを発見し、オリザニンと命名されたことは、わが国が世界に誇る業績である。

ミネラルも玄米では約1.2%含まれているのに対し、精米では約0.4㎎に激減する。玄米は精米に比べて、カルシウム、鉄、リン、マグネシウムなどが2～5倍含まれており、微量成分の摂取という観点からは、玄米や分搗き米の方が精米より優れていることが明らかである。

また、黒米や赤米などの色素米は、アントシアンなどの色素成分を多く含んでおり、抗酸化性などの機能性が期待されている。黒米の機能性として、心臓病の予防、高血圧の予防、消化性や便秘の改善、抗炎症効果、抗アレルギー効果、解毒作用、糖尿病予防、視力改善、体重減少、がん成長抑制などが報告されている[19]。

### ⑹ 糖尿病・認知症複合予防効果の期待される加工米飯の開発

筆者らの研究室では、アミロペクチン長鎖型の超硬質米の玄米と黒米の玄米を配合した包装玄米米飯を開発した[20]。超硬質米とは、九州大学の佐藤 光教授が化学的突然変異によってデンプン枝作り酵素（Starch-branching enzyme）を欠失させたコメのグループの総称であり、アミロペクチンの中長鎖が多く、一般の硬質米よりさらに硬くて粘りが少ないことから、筆者は育成者である佐藤教授と相談して「超硬質米」と呼ぶことにした[21]。

超硬質米は難消化性であり、玄米は抗酸化力に期待して配合した。インディカ米より硬くて粘りの弱い超硬質米は、これまではパンや麺などの「米粉専用米」と考えられてきたが、1,000気圧以上の超高圧処理を施すことによって、米飯としても喫食可能な程度まで物性が改善され、難消化性も保持されることが明らかになった[22]。さらに、筆者らは、黒米が抗酸化性に加えてアルツハイマー病の原因物質とされるアミロイドβペプチドを産生するβ-セクレターゼを阻害する活性を有

図表4　12週後の食後インスリン濃度

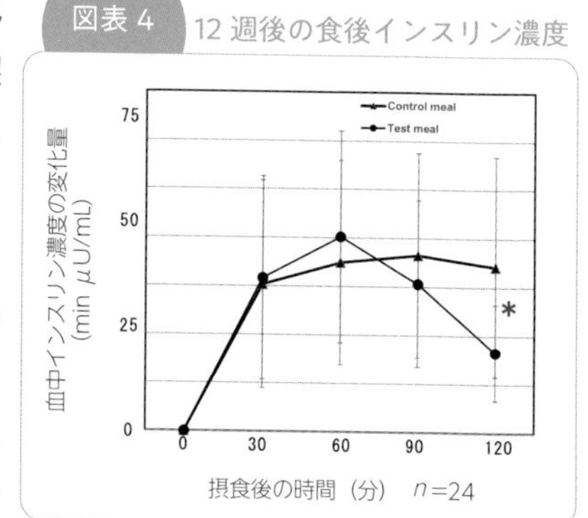

図表5 ヒト試験における言語記憶能力の改善効果

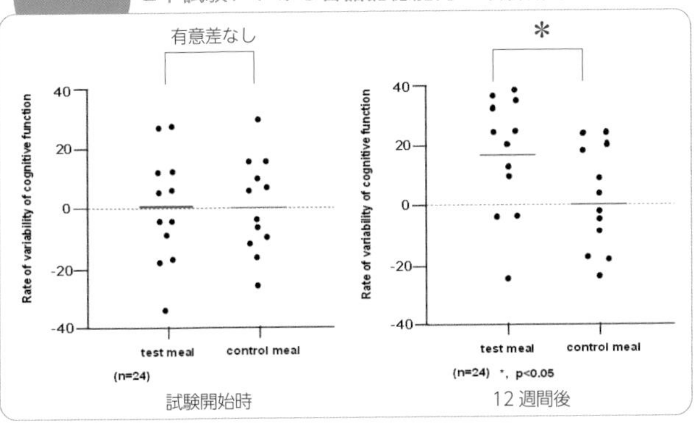


しており、超高圧処理によって、その活性が更に高まることも明らかにした。この加工米飯は、12名の被験者が12週間、1日1パックを食べ続けるというヒト試験において、食後血中インスリン濃度が有意に低下し、言語記憶能力が有意に改善されることが示された[23]（図表4、図表5）。また、このヒト試験においては、試験食に起因する有害事象が現れず、被験者12名全員が12週間、試験食を食べ続けてくれたことから、その受容性と安全性も証明された。今後はヒト試験の結果をもとに、機能性食品化を目指す予定である。

## 白飯のおいしさ[24)25)]

コメは日本人にとって主食であり、生まれてからの経験に基づいた各自の好みをもっている。竹生によると、白飯の美味しさは次のように表現される[24)]。「色が白く、艶があり、粒の形が良い（視覚）。噛むとき、音がほとんどしない（聴覚）。風味がある（嗅覚）。いくら噛んでも味が変わらず、多少油っこい感じとなんとなく甘い感じがするが、無味に近く、長く噛んでも甘くならない（味覚）。あたたかく、ご飯粒が

図表6 コメの食味に影響するさまざまな要因

1 生産農家
- (1) 品種
- (2) 産地（地形、土質、水質）
- (3) 気象条件（気温、日照、降雨）
- (4) 栽培法（施肥、農薬、諸管理）
- (5) 収穫、乾燥・調整

2 貯蔵・販売
- (6) 貯蔵（くん蒸）
- (7) 精米加工

3 家庭・外食産業
- (8) 炊飯（洗米、浸漬、蒸らし）

滑らかで柔軟、粘りと弾力がある（触覚）」。竹生は、コメの食味に影響する要因として、図表６に示すような生産から炊飯に至る諸要因をあげている[25)]。

## コメ、米飯のおいしさの評価

コメの食味官能評価とは、炊飯した米飯をヒトが五感（視覚、聴覚、味覚、嗅覚、触覚）を駆使しながら食べて美味しさを評価した結果を統計学に基づいて解析する方法で、もっとも確実な評価方法である。視覚では白さ、艶、粒形、嗅覚では風味（新米）、聴覚では噛むときの音、味覚では甘みとうま味、触覚では粘りと硬さを判断する。評価にあたっては、試料の炊飯方法やパネルの選定・管理が重要となる。官能評価は、個人によって、あるいは地域や国によって変動し、異なる国や地域の結果を直接比較することができないという問題はあるものの、ヒトが評価することで、外観、味、食感などの評価や総合評価が可能であり、機器測定にはない特徴や利点をもった測定方法である。

コメの食味の物理化学的測定としてはタンパク質やアミロースなどの食味関連成分の分析、炊飯米光沢検定、炊飯特性試験、精米粉やデンプンの糊化特性試験、米飯物性測定などがあげられる。物理化学的測定は試料量や労力・時間を要しない点や国・地域・個人による変動がない点が特徴とされる。一方で、官能検査に比べて多くの測定が単一項目の測定であり総

図表７　多面的理化学評価による各種のコメの食味推定式の例

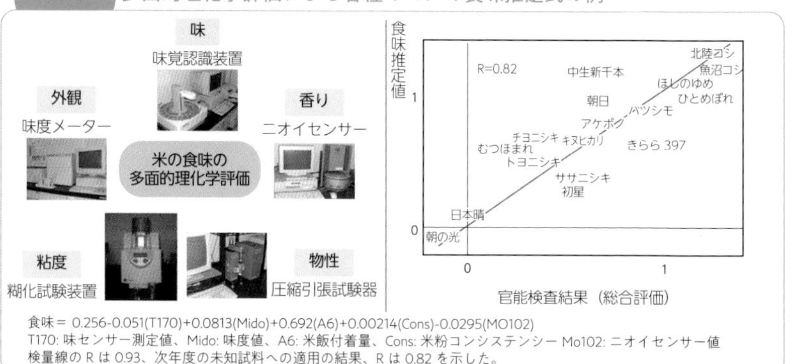


食味＝ 0.256-0.051(T170)+0.0813(Mido)+0.692(A6)+0.00214(Cons)-0.0295(MO102)
T170: 味センサー測定値、Mido: 味度値、A6: 米飯付着量、Cons: 米粉コンシステンシー Mo102: ニオイセンサー値
検量線の R は 0.93、次年度の未知試料への適用の結果、R は 0.82 を示した。

合評価に多変量解析等の工夫を要する点が問題とされる[26)]。

最近では、アミロース含量に限らず、アミロペクチン鎖長分布と食味の関係が注目され、タンパク質含量のみならずタンパク質組成も検討されることが多くなった。新しい測定方法の例として近赤外分光法による食味計[27)]、ヨード呈色多波長走査分析によるデンプン微細構造の推定[28)]、高圧型 RVA による老化性の推定[29)]なども報告されている。筆者らの研究室では図表7に示すような各種の理化学測定値を変数とし、食味官能検査結果を目的変数とする重回帰分析による食味推定式を開発した[30)]。

## 炊飯と食味[2)]

かまど炊きの「はじめチョロチョロ（弱火)、中パッパ（一気に火力を強める)、一握りのわら燃やし（再び強火)、赤子泣いても蓋とるな（しっかり蒸らす)」に示されているように、火力の調節を適切に行うことにより、外観、味、香りの好ましい適度の「粘り」と「硬さ」をもつ米飯になる。昨今の炊飯器は、加熱課程が温度上昇期、沸騰期、蒸らし煮期、蒸らし期の４段階にわけられ、炊飯米の美味しさの甘み、うま味の基となる糖やアミノ酸含量が多量に産出される各酵素が十分に働く温度(45 ～ 55 度)が設定されている。

### (1) コメを選ぶ

炊飯に際しては、用途に応じて好適なコメを選ぶ必要がある。まずは表示を見て品種・産地・産年、精米年月日などを確認できる。コメは全国で約 900 の銘柄があるので目的に沿って選ぶことができるし、お米マイスターのような専門家への相談も有益である。消費者の立場では、米袋の内容物を自分の目で見て選ぶことも大切である。たとえば､光沢のあるコメ、粒厚があってデンプンがよく充実しているコメ、白未熟が少なく透明感の高いコメ、粒がよく揃っているコメなどが推奨される。

実需者の立場からは、農産物検査の改正によって、従来の目視鑑定と並んで、穀粒判別器等を用いる機械鑑定も検査として並行することになったので、水分、容積重に加えて、白未熟粒、胴割れ粒、砕米、着色粒、死米などのデータを参考にすることができるようになった。

### ⑵ 洗　米

近年は無洗米も増えてきたが、一般には炊飯前に洗米が行われる。その際、コメの表面状態によって洗米の程度を決める必要がある。無洗米ほどでないにせよ最近の大型精米工場で多段式に精米されたコメは表面がよく磨かれ残存ぬかが少ないので、以前のように強く研ぐ必要はない。表面をすすぐ程度にしてコメを割らないことが大切である。一方、家庭で簡便に精米した場合には、コメの表面にぬかが残っているので、手のひらを中心にすこし強めに研ぐ。この場合もコメを割らないようにすることが必要である。どんなに良いコメでも割れてしまうと、断面からの吸水が早くなり、割れていないコメが吸うべき水を奪ってしまう。

また、洗米水が透明になるまで何度も洗いと水替えを行う必要はない。強く表面をこすることで、表面からデンプン粒が剥がれ落ちてくるし、割れ粒も増加するので、好ましくない。表面のぬかや汚れが取れるよう、様子を見ながら数回水替えをすれば十分である。

業務用に各種洗米装置が開発されているので、大規模な炊飯ではよく使用される。最近ではナノバブルなどを用いた機種も開発されている。

### ⑶ 加水量（水加減）

わが国の炊飯方法は、加水した水をすべてコメに吸収させる「炊き干し法」であり、適正な加水量（水加減）をえらぶことは、ごはんを美味しく炊くために必須である。新米は、重量比でコメの約 1.1 倍、古米では約 1.2 ～ 1.3 倍の加水量が適しているが、好みや用途に応じて加水量を調節すれば良い。米飯の食感は、少ない加水量で炊いた飯の方が充分な量の加水量で炊いた飯に比べて、冷や飯になった場合に硬くなりやすい。

### ⑷ 水浸漬

コメは、洗米前は 14 ～ 15％の水分含量であるが、炊飯後には 60 ～ 65％となる。洗米後、一定時間浸漬することで、炊飯前には約 30％の水分含量となる。海外では、水浸漬なしで洗米後にすぐ加熱したり、油で炒めたりする調理法もあるが、日本では大部分が炊き干し法であるので、十分に水浸漬を行う必要がある。コメは、粉状質の小麦と異なり結晶質で硬い。また、コメは稲の種子なので細胞から構成されており、それぞれの細胞は細胞壁で仕切られている。おいしい米飯になるには､加熱炊飯の前に、硬い結晶質のコメの外部から内部まで水が浸透し、細胞壁を通過してデンプンまで到達することが必要である。常温浸漬では通常約２時間で30％の水分含量になるので、２時間程度浸漬することが勧められるが、時間のない場合は、最低30分程度は浸漬することが望ましい。

### ⑸ 加　熱

炊飯の初期は弱火でゆっくり加熱するとおいしい米飯となる。強い加熱によって精米の表面のみが糊化してしまうと、米のデンプン粒まで水が充分に到達することができなくなり、芯のある米飯になってしまう。米デンプンの糊化温度（ジャポニカで約60℃、インディカで約75℃）に到達する前に一定の時間をかけてゆっくりと加熱することが必要である。その間に、コメに含まれるデンプン分解酵素やタンパク質分解酵素など各種の加水分解酵素がはたらいて、米飯の物性と呈味性が向上する。デンプンやタンパク質などの高分子は舌の味蕾（みらい）に入らないので無味であるが、低分子化することで呈味成分になる。

初期加熱終了後、強い加熱によってコメのデンプンを完全に糊化（アルファー化）させることが重要である。沸騰を15分から20分継続することによってコメのデンプンは充分に糊化し、柔らかくて粘りのある米飯になる。充分沸騰を継続してデンプンの糊化度が高い米飯は、冷えてもデンプンが老化しにくく、米飯が硬くなりにくい。

### ⑹ 蒸らし

蒸らしは､炊飯終了後に蓋を取らずにそのまましばらく置く操作である。蒸らしをしない米飯は、米飯粒の表面付近に水分が分布しており、蒸らしを行った米飯は、米飯粒の内部まで水分が均一になっている。

デンプンの糊化は、蒸らしの間にも進行する。米飯粒の中心部まで完全にデンプンの糊化が起こるためにも蒸らしは必要である。

### ⑺ 天地返し

炊飯直後の米飯は、炊飯器の上と下、外側と内側といった部位によって水分含量が不均一となっている。炊飯・蒸らしのあとで天地返しを行うことで、この部位別の不均一を改善できる。さらに、天地返しによって米飯中の余剰な水分が蒸気として拡散するため、温度低下の際に水蒸気が凝結することによって米飯表面が水っぽくなることを抑制できる。

## 米料理の種類による米の選び方、炊き方[2)]

すし飯の場合、コメは釜の容量一杯に炊くのでなく、多少少な目に、かつ少し硬めに炊くことが美味しさの秘訣である。新米は軟らかくて握りにくいので古米を混ぜるか、新米でも多少硬めの品種を使う。すし米は合わせ酢やネタとのなじみがよく、適度にほぐれやすいことが重要である。白米は添加酢の分量を減じた加水量（コメ重量の1.2 ～ 1.3倍）で炊き、蒸らし時間は普通飯より約５分間短くし、合わせ酢は、白米が熱いうちに混ぜ、団扇で扇ぎながら余分な水分を蒸発させ、つやを出す。

鰻重の美味しさは、鰻、タレ、ご飯が三位一体となって初めて完成する。タレを弾くような脂肪分の高い、新鮮でいいコメを使う必要がある。そういう意味では、鰻重の味を活かすも殺すもコメ次第であり、一般人が考える以上にコメの影響が大きい。鰻重の場合、光沢のでる新鮮なコメを厳選する。コメは、色が白いこと、目で見て光があること、丸い粒が揃っていることの３点を重視し、粒はやや大きめの方が良い。

持ち帰り弁当の場合は、炊飯後に時間が経過してから食べる場合が多いので、老化しにくいコメが好まれる。機械炊飯適性の上からはあまり粘りの強くない品種が好ましいが、良食味性と耐老化性も必要なので、コシヒカリなどの良食味品種を中心にブレンドも行われる。

天丼では、タレを上からかけるのでご飯がタレを吸収してしまい、光沢を活かすことができない。天ぷらとご飯は相性が良いだけにご飯の良し悪しが天ぷらの食味に与える影響もかなり大きい。炊飯では、水質と水加減に気を配り、定食用のご飯に比べて天丼用のご飯はやや硬めになるように炊く。新米でない場合はツヤが落ちてくるので、水分の２％ぐらいの酒を加えたり、上質のダシ昆布を入れて炊くなどの工夫をする。

炊き込みご飯とは、コメに具材料とともに清酒、みりん、醤油や塩などを加えて炊いた飯で、味付け飯の塩分濃度は、コメの重量に対し1.5%、炊き水量の1.0%を基準とする。清酒、醤油、塩はコメの吸水を阻害するため、これら調味料は浸漬後添加する。加水量は、添加調味料の液量を差し引いて行う。浸漬後のコメはザルにあげ十分水切り後、具材とともにコメを加え炊飯する。加水量は米重量の1.2倍とする[31)]。

昔の京都や大阪では朝粥の風習があり、白粥を炊いた。コメ1に対して6倍の水で炊いたものを全粥、7倍が七分粥、10倍だと五分粥という。普通は6～7倍の水を加える。コメを洗って1時間ほど水に漬け、強火にかける。沸騰したら弱火にして、40～50分蓋をややずらして炊く。鍋は土鍋が良いが、厚手の金属製鍋でも良い[31)]。

米飯の冷凍保存については、炊飯後、温かいうちに1食分ずつラップに隙間ができないように包み、ジッパー付きの保存袋等に入れ、粗熱をとってから冷凍庫に約1カ月を限度に保存する。冷凍保存用の炊飯米は、やや硬めの方が、温め後の食感がべとつかず美味しく召し上がれる。

コメはわが国の主食であり縄文時代後期から栽培され、世界に誇る和食文化の中心的素材の一つとなってきた。味や香りが強すぎないので和・洋・中華料理とよく合い、毎日食べても飽きないおいしさがある。カロリー源としての重要性に加えて、タンパク質、脂質、食物繊維、ミネラル、ビタミン等の供給源となっており、最近では、玄米、発芽玄米、色素米、硬質米などを中心に、その健康機能性も注目されている。水田は、平野部の少ないわが国にとって、永続的な食料生産基地であるとともに、国土の保全、生物多様性の確保、地下水の涵養（かんよう）、教育・文化の伝承、環境・景観の確保・保存など、多面的な機能を有している。コメのおいしさと機能性があらためて注目され、消費の拡大することが期待される。

〔引用文献〕

1) 渡邊　実『日本食生活史』（23～306）吉川弘文館（1964年）
2) 大坪研一「米の美味しさを活かす、美味しい米」（1～28）農林水産技術情報協会（第2巻『米の美味しさの科学』〈1996年〉）
3) 江原絢子「「和食」日本人の伝統的な食文化」アイ・ケイコーポレーション（『日本の食文化』p.2-10〈2021年〉）
4) 5) 農水省ホームページ 4) 和食ブック（5) 海外の日本食レストラン）
6) 大坪研一「米デンプンの特性と新たな利用技術の可能性」（特集：イネ利用への新たな道を拓く）農林水産技術研究ジャーナル26（10）17-23（2003年）
7) Sumiko Nakamura,Moeka Hasegawa,Yuta Kobayashi,Chikashi Komata,Junji Katsura,Yasuhiro

Maruyama and Kenichi Ohtsubo“ Palatability and Bio-Functionality of Chalky Grains Generated by High-temperature Ripening and Development of Formulae for Estimating the Degree of Damage Using an Rapid Visco Analyzer of Japonica Unpolished Rice”Foods.10, 27（2022）
8) Nakamura S,Yamaguchi H,Benitani Y and Ohtsubo K“Development of a novel formula for estimating the amylose content of starch using Japonica milled rice flours based on the iodine absorption curve”Biosci. Biotechnol. Biochem84（11）（2020）
9) Nakamura S,Satoh Ayaka,Aizawa M,Ohtsubo K“Characteristics of physicochemical properties of chalky grains of Japonica rice generated by high temperature during ripening”Foods 11,97（2022）
10) 竹生新治郎監修『米の科学』（P20-25）朝倉書店（1995 年）
11) S.Watanabe “Low-protein diet for the prevention of renal failure, Proc”Jpn. Acad. Ser.B, 93, 1-9（2017）
12) W.E.Mitch and D.Remzzi “Diets for patients with chronic kidney disease, should we reconsider?” BMC Nephrology 17（80）（2016）
13) 大坪研一「脂質」朝倉書店（『米の科学』p.25-28〈1995 年〉）
14) 文部科学省『日本食品標準成分表』（第 8 版）（2020 年）
15) 松木順子・佐々木朋子「米デンプンの消化性」㈱テクノシステム（『米の機能性食品化と新規利用技術・高度加工技術の開発』p.177-188〈2022 年〉）
16) 久保田真敏・門脇基二「米タンパク質の基本的特性と新規生理学的機能性」（15）と同 p.189-198）
17) 澤田一恵・松木　翠・橋本博之「こめ油とその機能性成分」（15）と同 p.199-210）
18) 早川亨志「食物繊維、オリゴ糖およびレジスタントスターチ」（15）と同 p.211-225）
19) U.K.S. Kushwaha“Black Rice”Springer（2016）
20) 大坪研一、中村澄子「糖尿病および認知症の複合予防効果の期待される米飯および米加工食品開発の試み」生物工学第 97 巻 第 10 号 610-615（2019 年）
21) 大坪研一、中村澄子、宇都宮一典、増田泰伸、辻 啓介「硬質米と糖尿病発症予防、実用化に向けた取り組み」食品工業 53（14）（2010 年）
22) Satoshi Maeda,Yuta Kazama,Atsushi Kobayashi,Akira Yamazaki,Sumiko Nakamura,Masayuki Yamaguchi,Hideo Maeda,Ken’ichi Ohtsubo“Improvement of Palatability and Prevention of Abrupt Increase in Postprandial Blood Glucose Levels by Hokuriku243 after High Pressure Treatment”J Appl. Glycosci.,62,127-134（2015）
23) Sumiko Nakamura,Takeshi Ikeuchi,Aki Araki,Kensaku Kasuga, Kenichi Watanabe,Masao Hirayama,Mitsutoshi Ito and Ken’ichi Ohtsubo“Possibility for Prevention of Type 2 Diabetes Mellitus and Dementia Using Three Kinds of Brown Rice Blends after High-Pressure Treatment”Foods 11（6）818（2022）
24) 竹生新治郎『食の科学』1:79 ～ 86（1971 年）
25) 竹生新治郎「米の食味」朝倉書店（竹生新治郎監修『米の科学』p.117-125〈1995 年〉）
26) Ohtsubo K,Nakamura S“Evaluation of Palatability of Cooked Rice” In Advances in International Rice Research（IntechOpen: London, UK p.91-110〈2017〉）
27) 春日井 治、鈴木郭史、真鍋 勝、丸山清明、村上 明、柳瀬 肇「食味関連測定装置の紹介」全国食糧検査協会（「米の食味評価最前線」p.165-214〈1997 年〉）
28) Nakamura S,Satoh H,Ohtsubo K“Development of formulae for estimating amylose content,amylopectin chain length distribution,and resistant starch content based on the iodine absorption curve of rice starch”Biosci.Biotechnol.Biochem 79,443-455（2015）
29) Sumiko Nakamura, Junji Katsura, Yasuhiro Maruyama, Ken’ichi Ohtsubo“Evaluation of Hardness and Retrogradation of Cooked Rice Based on Its Pasting Properties Using a Novel RVA Testing”Foods, 10（5）987（2021）
30) 大坪研一「総合的食味評価技術の高度化」農林水産技術会議事務局研究成果 384（「米の流通・消費の多様化に対応した新食味評価手法の開発」p.60-64〈2002 年〉）
31) 奥村彪生『ごはん道楽』（p.96-99）農文協（2006 年）

# 米ぬかの機能性と健康効果

メディカルライス協会　理事長　渡邊　昌



玄米には豊富なビタミンやミネラルがあるが、これらはほとんどがぬか層に含まれる。米搗きの際、表層最外側の果種皮層、糊粉層、亜粉粉層、貯蔵デンプン層の表層部、胚盤、胚芽がはがれるが、この6カ所の物質が粉状となっているのが「ぬか」である。亜糊粉層（アリューロン層）には胚の発育をサポートするたん白質や脂肪、ビタミンなどさまざまな栄養素が含まれる。貯蔵デンプン層には発芽以後のエネルギー源のデンプンがあるのでこれを「胚乳」という。

米ぬかは昔からぬか漬けなどの伝統食品に広く使われてきた。美肌効果も認められていて化粧品への利用もある。さらに、肥料としても利用されてきた。

搾油による米ぬか油（こめ油）は多くの機能性成分を含むが、これについては別稿に譲る[1)]。米ぬかには内因性のリパーゼがあり、脂肪酸が多いため、容易に酸敗を起こす。そのため、早急にリパーゼを失活させて安定化させる必要がある。農林水産省によるこめ油の生産量は2020年6万8,705 t、米ぬか処理量は35万70 tであった。2021年は前年比でこめ油1.7%増、米ぬかはほぼ同量で推移している。

## 米ぬかサプリメント

米ぬかのサプリメントとしての利用には、米ぬかの微粉化によりそのまま使うもの、他の物質と混ぜたもの、発酵させたもの等がある。機能性成分として多いものはフィチン酸、ビタミンB群、ビタミンE、カルシウム、鉄分、マグネシウム、食物繊維などが含まれる。

雑賀ら[2)]は金芽米の精白時に亜糊粉層をふくむ小ぬかを回収してサプリメントをつくった。1包3.5 g当たりフィチン酸292.3 mg、GABA7.95　mg、γ-オリザノール6.65 mg、LPS（リポ多糖）149.1ug を含んでいる。米井らはそのサプリメントを1,023人に1カ月投与し、便秘解消、風邪をひかない、倦怠感改善、皮膚の問題改善を報告した。最近、微粉の飲料も販売されている[3)]。

図表1　「カーナの約束」の成分表

| 機能性成分 | | FBRA 含量 | 単位 |
|---|---|---|---|
| フェノール酸 | フェルラ酸 | 94.3 | μg/g |
| | シナピン酸 | 32.5 | μg/g |
| | カフェ酸 | 6.4 | μg/g |
| | プロトカテク酸 | 40.2 | μg/g |
| | シリンガ酸 | 4.8 | μg/g |
| γ-オリザノール | 総オリザノール | 3.29-3.68 | mg/g |
| ポリアミン | プトレッシン | 18.6 | μg/g |
| | スペルミジン | 135.5 | μg/g |
| | スペルミン | 71.6 | μg/g |
| アミノ酸 | エルゴチオネイン | 77 | μg/g |
| | γ-アミノ酪酸 | 48-155 | μg/g |
| | コウジ酸配糖体 | 定性 | - |
| リン酸化合物 | フィチン酸 | 109-142 | μg/g |
| ステリルグルコシド | β-シトステリルグルコシド | 274.2 | nmol |
| | スチグマステリルグルコシド | 55.2 | nmol |
| | カンペステリルグルコシド | 37.5 | nmol |
| アシル化ステリルグルコシド | アシル化β-ステリルグルコシド | 428.7 | nmol |
| | アシル化スティグマステリルグルコシド | 79.6 | nmol |
| 脂肪酸ヒドロキシ化脂肪酸 | 7-PAHPA | 0.417 | μg/g |
| | 9-PAHPA | 1.24 | μg/g |
| | 5-OAHPA | 6.94 | μg/g |
| | 7-OAHPA | 0.978 | μg/g |
| | 9-OAHPA | 1.04 | μg/g |
| | 5-PAHSA | 0.0356 | μg/g |
| | 7-PAHSA | 0.0263 | μg/g |
| | 9-PAHSA | 1.05 | μg/g |
| | 10-PAHSA | 0.390 | μg/g |
| | 12/13-PAHSA | 0.451 | μg/g |
| | 12(*Z*)-10-OAHC18 | 0.232 | μg/g |
| | 5-OAHSA | 3.04 | μg/g |
| | 7-OAHSA | 0.100 | μg/g |
| | 9-OAHSA | 1.14 | μg/g |
| | 10-OAHSA | 0.936 | μg/g |
| | 12/13-OAHSA | 1.52 | μg/g |

一方、飯沼らはエクストルーダーを製作し、圧縮発熱を利用してリパーゼを失活させ「カーナの約束」というサプリメントを製造した（図表1）。

大豆のオイルボディプロテインの脂肪酸吸着効果を期待してきな粉を混ぜ、ミネラルとしてカルシウム／マグネシウム比率の良い沖縄のドロナイトを添加している。12 年間で 350 万食の販売実績があるので効果や安全性に一定の保証があると考えて良いだろう。使用者からは、「きな粉風味で米ぬかの臭みをほとんど感じない」「香ばしくて摂取しやすい」「牛乳との組み合わせの相性は良く毎日飽きずに飲み続けられる」という評価がある。この場合も便通や皮膚症状が改善する。

## 米ぬかの整腸作用

米ぬかには不溶性食物繊維が多い。米ぬか由来の食物繊維は他の穀物由来の食物繊維と比較し、吸水率、吸油率、膨潤性がいずれも２倍以上と高い値を示す。整腸作用は、吸水性や膨潤性が高いことで腸管内容物の容積が増加し、消化管の働きの活発化や排便の促進などを引き起こすことによると思われる。米ぬかは小麦ふすま以上に便量を増加させたという報告もある。

腸内細菌は高食物繊維食によって増加し、腸内腐敗が減少して腸内環境が改善される。食物繊維は加水分解後に短鎖脂肪酸や酪酸等の有機酸を生じ、その作用で安定した消化管内環境を維持する効果もある[11)]。

## 発酵米ぬか「FBRA」

FBRA（Fermented Brown rice and Rice bran with *Aspergillus oryzae*）は1971年、１歳と３歳の子どもたちが、その硬さのために玄米を食べるのをやめた後に米ぬかの栄養が摂れるよう岩崎輝明により考案された発酵米ぬかである[4)]。FBRA は後に、岡田悦次によって玄米を *Aspergillus oryzae* で発酵させて製造する方法を追加した。FBRA は 50 年の販売期間の記録をもち、現在ではスピルリナ、霊芝、グルカン、ビフィズス菌などを加えた８種の製品がある。いずれも豊富なミネラルやビタミン、抗酸化能が特徴的である。なお、*Aspergillus oryzae* には、炭水化物、タンパク質、脂質を代謝するいくつかの種類の酵素が含まれており、発酵中にさまざまな活性物質を生成する。

**図表2** 後ろ向きコホート研究

| FBRA ユーザーの情報 | FBRA ユーザーの分布 |
| --- | --- |
| ・名前、性別、生年月日、居住地域、病歴<br>・経常収支<br>・１日当たりのFBRAの量と種類、使用期間<br>・2016～19年のデータを収集 | ・平均年齢および標準偏差<br>男性65.8±16.6(n=189)、女性68.4±15.6(n=307)<br>・FBRAの使用量<br>9.5±5.9パック／日<br>・使用期間<br>男性21±9.1年、女性10.5±6.3パック／日と20.6±9.0年 |

注：この集団とGENKI Studyの集団は一部重なっていたので、健康な被験者109人（男性18人、女性90人、不明1人）が、GENKI Studyで便を提供した。

**白米を食べる人の一般的な細菌プロファイル**

・ファーミキューテス門（*Firmicutes*）44.6±10.7%
・バクテロイデス門（*Bacteroidetes*）19.1±7.5%
・放線菌門（*Actinobacteria*）7.6±6.7%
・プロテオバクテリア門（*Proteobacteria*）0.6±0.4%
・ウェルコミクロビウム門（*Verrucomicrobia*）6.4±13.7%（最大39.4%）

FBRAの長期的影響について、㈱玄米酵素のディーラーを通じて約500人の協力者を募集しretrospective cohort（後ろ向きコホート研究）として解析した[5)6)]。FBRAユーザーのアンケート調査は、オンライン販売台帳をもとに実施した（図表２）。

細菌プロファイルをみると、玄米を食べる人も白米を食べる人同様*Firmicutes*優勢を示したが*Proteobacteria*が高く、*Verrucommicrobia*が低くなっていた。種レベルの違いは見られなかった。*Faecalibacterium prausnitzii*がトップ（中央値：6.7〈8.9%〉）、次に*Blautia wexlerae*（2.1〈3.8%〉）、*Fusicatenibacter saccharivorans*（1.6〈2.6%〉）、*Bacteroides vulgatus*（0.9〈1.8%〉）、*Bifidobacterium adolescentis*（0.03〈2.7%〉）で、*Bacteroides uniform*（0.9〈3.3%〉）などが続いた。

FBRAを追加すると、統計的有意性はないが、バクテロイデス（*Bacteroides uniform*）、ビフィズス菌（*Bifidobacterium adolesentis*）、およびプレボテーラ（*Prevotella copri*）の変動が増加した。玄米＋FBRAのユーザーは*Prevotella copri*、*Akkermansia muciniphila*、*Streptococcus salivarius*、*Megamon* *as/uniform* および *Bacteroides stercor* が低いことを示した。

動物実験と異なり FBRA ユーザーの *Faecalibacterium prausnitzii* が高い割合（78％）は酪酸生産の利点を示唆し、*Blautia wexlerae*（34％）は腸の免疫の制御を示す[20)32)33)]。FBRA の追加により、バクテロイデス、ルミノコッカス、ブラウティア、ビフィズス菌の多様性が増加した。増加したプレボテラ・コプリは FBRA 利用者に多い。

## 機能性食品としての玄米とふすま

玄米は、「うるち米」として知られる伝統的な漢方薬の成分の一つとして使用されてきた。気と脾臓を強化し抗炎症効果がある。うるち米の薬理活性の潜在的な有効成分は、ビタミンE、$B_1$、$B_2$、デンプン、デキストリン、γ-オリザノールである[32)33)]。最近、コメのγ-オリザノールが研究の焦点となっている[34)]。多くの動物モデルで、腸内細菌叢（そう）が宿主の健康を調節できることをさまざまに示しており、玄米を食べる人は、酪酸菌の優勢を示している[35)-41)]。

図表3　FBRA ユーザーの疾病発生率

| | 有病率 (%) | | 症例数 | | O/E | c2 | p |
|---|---|---|---|---|---|---|---|
| | FBRA ユーザー | 国内 | 観察値 (O) | 期待値 (E) | | | |
| 真性糖尿病 | 4.60 | 12.70 | 23 | 63.5 | 0.36 | 25.83 | <0.0001 |
| 脂質異常症 | 3.70 | 22.00 | 18.5 | 110 | 0.17 | 76.11 | <0.0001 |
| 高血圧症 | 11.20 | 48.00 | 56 | 240 | 0.23 | 141.07 | <0.0001 |

図表4　部位別がん患者の期待値

| | 観察値 (O) | 期待値 (E) | O/E | c2 | p |
|---|---|---|---|---|---|
| 全体 | 21 | 31 | 0.7 | 3.23 | 0.050※ |
| 胃がん | 2 | 4.24 | 0.5 | 1.18 | 0.281 |
| 大腸がん | 5 | 4.88 | 1.0 | 0.00 | 0.957 |
| 脾臓がん | 4 | 1.52 | 2.6 | 4.05 | 0.044※ |
| 乳がん | 3 | 2.56 | 1.2 | 0.08 | 0.783 |

All site O/E ratio was significantly low by poison test P
(#<=21/31) ＜ 0.05

FBRA ユーザーは、真性糖尿病、脂質異常症、および高血圧症において有意に低い O/E 比（観察値と期待値の比）を示した（図表 3）。がんの場合、全体的ながんの発生率は一般の人々と比較して有意に低かった（O/E 比 0.7）（図表 4）。臓器固有の分析は症例も少ないため多様性を示した。米胚芽とふすまには、フェルラ酸やトコフェロールなどの油性成分と、フィチン酸や食物繊維などの水溶性成分が含まれている。FBRA は多くの臓器で実験的発がんを抑制した 。FBRA の発がん予防作用のメカニズムは不明だが、いくつかの要因の総和効果と思われる。

その一つは、発酵の過程で有効成分を高める可能性である。FBRA は抗酸化作用があることが示されている。FBRA の発がんが標的臓器の細胞増殖の抑制によって防止されたほとんどすべての実験で、FBRA はまた、炎症および炎症によって引き起こされる過剰な細胞増殖を抑制した。

標準的医療では改善せず補完代替医療の治療の下で生き残った人も多い。一連の証拠は米胚芽、米ぬか、フェルラ酸などのコメ成分、および FBRA などのコメ関連サプリメントがヒトのがん予防に有望であることを示唆している。

筆者らの研究の弱点は、データが観察研究であることだ。しかし、食生活と健康の関係を明らかにするには長い時間がかかる。腸内細菌叢の割合は、健康への影響のバイオマーカーである可能性がある。この意味で、人間の疫学に統合的研究がより必要とされている。

〔引用文献〕
1) 星川清親『米、稲からご飯まで』柴田書店（1979 年）
2) Ogura M, et al. “A study of the health actions of consuming a mature extract of brown rice, consisting of the sub-aleurone layer, germ blastula, and crushed cells. ”Glycative Stress Res 9（1）15-23（2022）
3) 早田一也、他「皮膚の乾燥が 気になる成人女性の角層水分量および皮膚バリア機能に対する米糠含有食品の改善効果」Jpn Pharmacol Ther 49（1）105-116（2021 年）
4) 渡邊 昌「米糠成分のサプリメント」（大坪研一監修『米の機能性食品化と新規利用技術・高度加工技術の開発』（株）テクノシステム 329 ― 344〈2022〉）
5) Hirakawa A, et al. ”The nested study of the intestinal microbiota in 1-13.GENKI study with special reference to the effects of the brown rice eating. ”J Obs Chr Dis 3（1）（2019）
6) Watanabe S, et al. ”Aspergillus oryzae fermented brown rice and bran supplement "FBRA" for health and cancer prevention.”Acta Scientific Nutritional Health 5（12）20-32（2021）

コメの機能性と食味

# 乳酸菌麹菌発酵甘酒の便通改善効果

新潟薬科大学応用生命科学部食品分析学研究室　佐藤眞治、桑原直子
新潟薬科大学医療技術学部臨床分析化学研究室　中川沙織



## はじめに

甘酒は酒粕から作られるもの（酒粕甘酒）と米麹から作られるもの（米麹甘酒）に分類されている。このうち米麹甘酒は平安時代から栄養価の高い飲料として親しまれており、整腸作用や美肌効果などが報告されている。また、乳酸菌にも整腸作用があることが知られている。そこで、麹菌および乳酸菌による複合・連続発酵方法を用いて製造された風味と機能性が向上した甘酒を用いて、排便回数が比較的少ない健常成人に摂取させて、排便状況の改善効果について検討を行った。

## 便通とプロバイオティクス

便秘とは排便の頻度が週に２回以下の状態のことで、便排泄が困難で便が結腸内に長く留まる状態になる。便秘の原因は腸管の狭窄（きょうさく）によって生じ、血便、腹痛、吐き気、腹部膨満感、下腹部痛、食欲不振、めまいなどが自覚症状として現れる。

プレバイオティクスの代表的な食品成分である食物繊維は、胃や小腸上部での消化を免れ、結腸内のビフィズス菌やラクトバチルスなどの有益な微生物の成長を促し、ヒトの腸内環境を改善することが知られている。この食物繊維の摂取不足は、便秘の主な原因であると考えられている。プロ

バイオティクスは、ヒトの腸内環境を改善することが可能な微生物を含む食品であり、排便の頻度や便の通過時間などの腸機能を正常化することが報告されている。シンバイオティクスとは、プロバイオティクスとプレバイオティクスを組み合わせた機能性食品または栄養補助食品を指しており、腸内細菌叢（そう）と腸内環境を改善する効果が期待されている。

## 麹甘酒と乳酸菌麹菌発酵甘酒

麹甘酒は米麹を用いて製造される日本の伝統的な甘い飲み物である。麹甘酒の主成分であるブドウ糖は、麹菌が産生するアミラーゼなどの糖化酵素によって生成される。その他、麹甘酒には数種類のオリゴ糖、ビタミンB群、アミノ酸、エルゴチオネインなど350種類以上の成分が含まれていることが報告されている[1)]。一方、乳酸菌ウオヌマ株（*Latilactobacillus sakei* UONUMA strains）を用いた乳酸発酵によって、麹甘酒の風味や成分を改質できることがわかり、乳酸菌・麹菌発酵甘酒が製造市販されている。

これらの乳酸菌ウオヌマ株は、新潟県魚沼地域の雪室で作られた漬物から単離された[2)]。乳酸菌とその発酵産物には、脂質代謝の改善効果、血圧低下作用、免疫調節作用などの健康上有益な効果が報告されている。乳酸菌ウオヌマ株は低温性乳酸菌であり、酒造りだけでなく、ドライソーセージや肉・魚製品の製造にも有用であることが知られている。麹甘酒や乳酸菌麹菌発酵甘酒はプロバイオティクスの食品であるため、排便の頻度や便の通過時間などの腸機能を正常化する効果が期待できる。そこで、排便回数が比較的少ない健常成人に麹甘酒や乳酸菌麹菌発酵甘酒を摂取させて、排便状態や腸内細菌叢に及ぼす影響について検討を行った。

## 実験方法

排便回数が比較的少ない健常成人28名（29.3 ± 12.1歳）を対象にした。試験食1には麹菌だけで発酵糖化させた麹菌発酵甘酒、試験食2には麹菌発酵甘酒に乳酸菌（*Lactobacillus sakei*）ウオヌマ株でさらに乳酸発酵させた乳酸菌麹菌発酵甘酒を用いた。試験食1と2の栄養成分値を図表1に示す。試験食1と試験食2は、毎朝1日1本（108mL）を1週間摂取させた。糞便は、試験食摂取前、試験食摂取１週間後、試験食摂取終了後の１週間後に採取した。被験者に日誌を渡して排便回数、排便日数、排便指標（糞便の量として鶏卵Ｍ１個を目安として目測により得られる目測換算の値、個／週）、便の形状、便の色、便の臭いおよび排便後感覚を試験期間中毎日記入してもらい、排便状況の改善効果について検討を行った。

図表1　麹菌発酵甘酒と乳酸菌・麹菌発酵甘酒の栄養成分値

| 成　分 | | 麹菌発酵甘酒 | 乳酸菌・麹菌発酵甘酒 |
|---|---|---|---|
| タンパク質 | (g/100g) | 1.2 | 1.2 |
| 脂質 | (g/100g) | 0.2 | 0.2 |
| 灰分 | (g/100g) | 0.1 | 0.1 |
| 糖質 | (g/100g) | 25.9 | 26.1 |
| 食物繊維 | (g/100g) | 0.2 | 0.3 |
| 水分 | (g/100g) | 72.7 | 72.5 |
| ナトリウム | (mg/100g) | 1.0 | 1.0 |
| カロリー | (kcal/100g) | 110 | 110 |



## 便通改善効果

試験食１の麹菌発酵甘酒を１週間摂取中の排便回数（6.1 ± 1.5 回／週）と摂取後の排便回数（5.8 ± 1.4 回／週）は、試験食摂取前の排便回数の値（4.4 ± 1.6 回／週）に較べ有意に上昇することが判明した（図表２）。また、麹菌発酵甘酒摂取中の排便日数（5.0 ± 1.5 日／週）と摂取後の排

図表 2　排便回数と排便日数

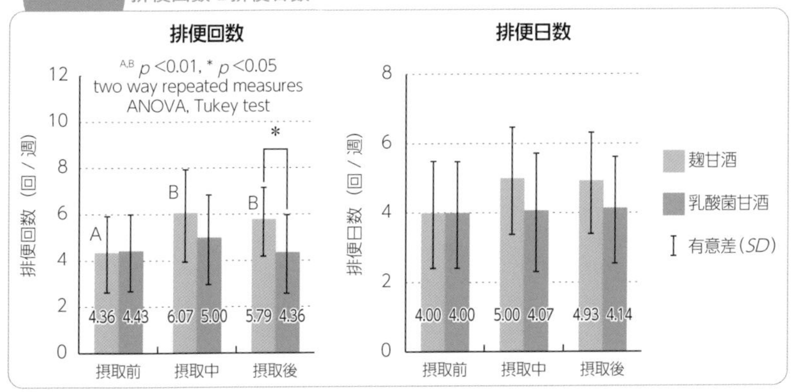

便日数（4.9 ± 1.4 日 / 週）は、摂取前の排便回数の値（4.0 ± 1.5 日 / 週）に較べ有意ではないが上昇することが明らかとなった。さらに、麹菌発酵甘酒摂取中の排便指標（14.5 ± 5.3 個 / 週）、バナナ状便出現率（63.1%）と摂取後の排便指標（13.9 ± 5.5 個 / 週）、バナナ状便出現率（72.8%）は、摂取前の排便指標（11.6 ± 5.7 個 / 週）、バナナ状便出現率（52.5%）に較べ有意ではないが上昇することが明らかとなった（図表３、図表４）。

試験食２の乳酸菌麹菌発酵甘酒を１週間摂取中の排便回数（5.0 ± 1.9 回 / 週）、排便日数（4.1 ± 1.7 日 / 週）と摂取後の排便回数（4.4 ± 1.7 回 / 週）、排便日数（4.1 ± 1.5 日 / 週）は、試験食摂取前の排便回数の値（4.4 ± 1.6 回 / 週）、排便日数の値（4.0 ± 1.5 日 / 週）とほとんど同じであることが判明した（図表２）。一方、乳酸菌麹菌発酵甘酒摂取中の排便指標（12.0 ± 5.4 個 / 週）、バナナ状便出現率（54.3 %）と摂取後の排便指標（11.0 ± 6.8 個 / 週）、バナナ状便出現率（50.8 %）は、摂取前

図表３　排便指標

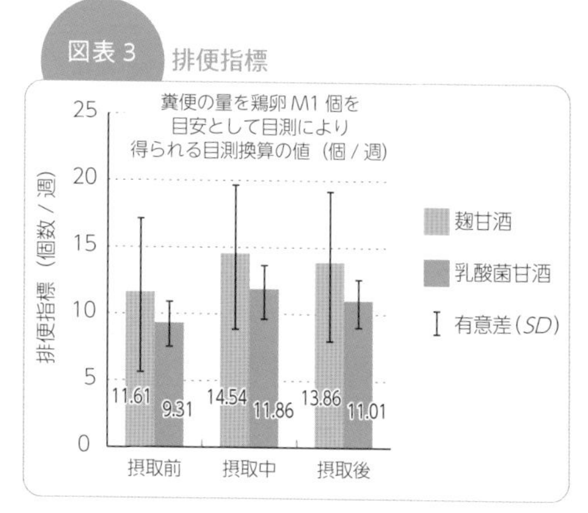


図表４　バナナ状便出現率

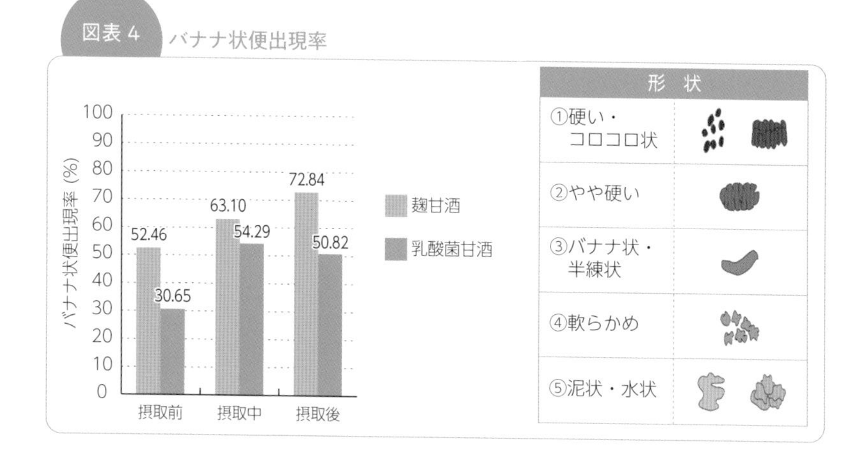

の排便指標（9.3 ± 4.5 個 / 週）、バナナ状便出現率（30.7%）に較べ有意ではないが上昇することが明らかとなった（図表３、図表４）。これらの結果は、麹菌発酵甘酒と乳酸菌麹菌発酵甘酒の摂取によって、便通改善効果が期待できることを示している。腸内細菌叢について検討を行った結果、麹甘酒と乳酸菌麹菌発酵甘酒は腸内細菌叢にほとんど影響を及ぼさないことが判明した[3)]。

〔引用文献〕

1）Oguro,Y.,Nishiwaki,T.,Shinada,R.,Kobayashi,K.,and Kurahashi,A.（2017）.Metabolite profile of koji amazake and its lactic acid fermentation product by Lactobacillus sakei UONUMA.J.Biosci. Bioeng.,124,178-183.

2）Nishiwaki,T.and Shimojyo,A.（2014）.New lactic acid bacteria and method for producing fermented food using this lactic acid bacteria.Japan patent JP5577559B2.

3）Sakurai,M.,Kubota,M.,Iguchi,A.,Shigematsu,T.,Yamaguchi,T., Nakagawa,S.,Kurahashi, A.,Oguro, Y.,Nishiwaki, T.,Aihara,K.,and Sato,S.（2019）.Effects of Koji amazake and its lactic acid fermentation product by Lactobacillus sakei UONUMA on defecation status in healthy volunteers with relatively low stool frequency.Food. Sci.Tech.Res.,25,853-861.

コメの機能性と食味

# 医食同源のコメ

公益財団法人医食同源生薬研究財団　名誉会長　雜賀慶二

我が国の医学は、幕末に起きた佐幕派と開国派との戦いによって、多くの怪我人が出現し、それを来日外国人の医師によって、短期間に治癒させた外科的医術の素晴らしさに、我が国は一気に西洋医学に転向し、それが今日に至るも西洋医学一点張りが主流になっている所以であろう。

しかし西洋医学の基本は、①病になってから医術によって治癒させるものであり、②それも病んでいる箇所に対して対症療法をおこなうものであり、③そのために、本来は毒であるが、その毒を最小限に抑えつつ病の治癒に効果のある薬を服用するが、④毒性があるものだから、病が治癒すると直ぐに止める必要がある、と言う事で、⑤薬と食べ物とは全く異なるものである、と言う事である。

それに対し東洋医学の基本は、①日常的に薬効のある食材を摂取することで、日頃から病を予防し、②病んだ場合は全身的療法を行うものであり、③そのために、本来は食材であるが、病の治癒にも一層効果のあるものを摂取するが、④もともと健康に良い食材だから、それを常食すると言う事で、⑤薬と食べ物は同じである、と言う事である。即ち我々が口にするものは食べ物であるが、健康を維持する薬でもあるということであり、それが『医食同源』または『薬食同源』と言われるものである。

従って、特に外科治療などに於いては、西洋医学は素晴らしいところはあるが、近年の様に生活習慣病の、それも未病と言われるものに対しては不向きに思うし、更に病と言うものは全身的な関係があるのに、個々の病に対応した対症療法は尚更不向きであろう。

ところで先祖伝来コメを主食としてきた我々日本人は、それに相当する腸内菌を有している故に、食材としてのコメは素晴らしいものであり、長いコメの歴史を遡っても、幕末の一時期と、現代人が食しているコメを除き、累代の日本人が常食してきた医食同源のコメによって、人々の健康と存続を支えてきたといっても過言ではないだろう。

即ち、明治時代に来日した西洋人が、ご飯と粗末な副食の食事しかしていないのに、休まずに長距離を突っ走る車夫に、一層走れるだろうと西洋食をさせたところ、逆に短距離しか走れなかったことから、コメ食の凄さに驚いたことや、戦国時代に本能寺の変にて、秀吉軍が急遽高松城攻めから、僅か6日ほどで重い鎧兜を担いで『中国大返し』が出来たのも、当時のコメは、現代人が食しているコメとは異なり、医食同源による世界最高の健康食品であったからであろう。それと言うのも、何よりもコメには他の食品には存在しないモミラクトンなどの、コメにしかない健康成分が含まれているからである。

ところが現代人が常食しているコメには、残念ながらその様な健康成分がほとんど存在しない。それは、昭和30年頃より登場した噴風式精米機によって、過精白米にまで搗きあげたコメが一般化しているからであり、それが今日の医療費の膨張を招いているのである。従って昭和30年頃には、僅か2300万円程度であった医療費が、今日では50兆円近くまで膨張している所以である。その様に断言出来るのは、筆者自らの体験と諸外国に発表した論文に示す如く、3企業596人の給食を医食同源のコメに変えただけで、それぞれ医療費が1年後に約60%に低減した事によって実証されているからでもある。従って我々は速やかに医食同源のコメに戻るべきなのである。

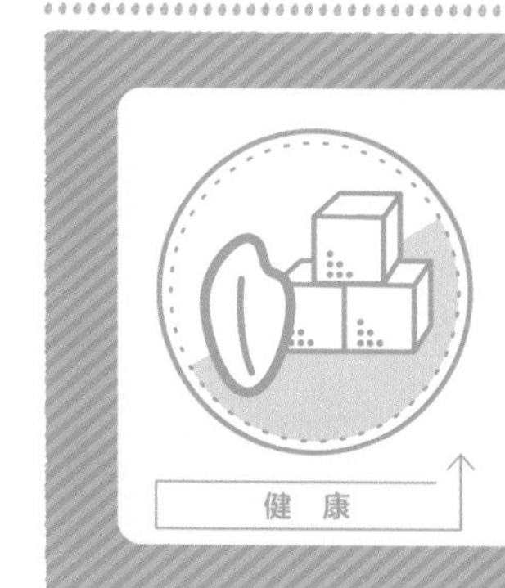


# 糖　質

コメの機能性と食味

## 栄養バランス食で健康長寿を

### コメ食で生活習慣病予防、世界が関心

健康志向が高まるなか、健康法や食事療法など健康情報があふれている。その一つ糖質制限食も注目が集まっているが、ダイエット目的のため長期間続けることに警鐘を鳴らす研究者は少なくない。日本人は、コメ中心の和食で世界に冠たる長寿社会を形成してきた。糖質・炭水化物を含むバランスの良い食生活は、健康長寿に欠かせない要件なのである。

日本人の健康の源、ご飯を中心とした和食メニュー（ごはん彩々）

コメの機能性研究第一人者・東北大学未来科学技術共同研究センターの宮澤陽夫教授は、コメを中心とした栄養バランスに優れる和食の重要性を訴える。コメの主成分は炭水化物で、大切なエネルギー源である。マラソン選手は、エネルギーを体内に蓄えるため、試合前に多くの炭水化物を摂取する。コメにはそのほか、タンパク質やビタミン類、カルシウム、リン、鉄分なども含まれ、こうした栄養成分の供給源としても重要な役割を果たす。現に、肉類など動物性タンパク質摂取量が少なかった時代も、日本人はコメからタンパク質を摂取し、健康を維持していた。子どものころ、今の2倍以上コメを食べていた世代が今や80歳以上になり、昨今の長寿社会を支えている。

宮澤教授によると、日本食を摂取した後に肝臓での遺伝子発現を調査した実験で、日本食は体へのストレス性が少なく、糖質や脂質のエネルギー代謝を活発にする健康的な食事であることがわかった。半面、欧米食は摂取したエネルギーを脂肪として体内に貯めやすく、ストレス性が高い。すなわち日本食は、摂取したものが効率よく代謝されエネルギーとして使われる、肥満になりにくい食事ということだ。

世界人口は1950年頃30億人程度だったが、2020年は80億人、50年には100億人に到達する見込みだ。うち半分がアジアに集中し、コメで命を支えている。グローバルに人々の健康を考える際、コメは重要な役割を担う。肥満や生活習慣病が増加する一方、アジアやアフリカでは、飢餓に苦しむ人も少なくない。こうした人たちにコメを十分供給する必要がある。この観点からもコメは重要だ。

## 健康で有益な食事療法を探る

東北大学農学研究科 都築 毅准教授らの研究グループは、糖質を抑えた食生活を続けると、老化を促し、健康にも悪影響を与えるおそれがあることを示した。

低炭水化物・高タンパク質食は糖質制限食として知られ、食事の量を減らすことなく炭水化物の摂取を制限し、タンパク質などで補う。炭水化物（コメ）中心の日本食と対極にある食事療法で、内臓脂肪減少効果が注目されているが、老化を促進するという説もある。同研究グループはこれを明確にするため、1年間にわたりマウスを用いた実験を行った。

マウスに、日本人の一般的な食事に相当するエサと、高脂肪食・糖質制限食を与え比較した。糖質制限食のマウスは24週間経過したころから、平均食や高脂肪食のマウスより外観的な老化が顕著に現れ、とくに、皮膚や毛の状態の悪化が目立った。寿命もマウスの平均より短かった。

研究の背景について都築准教授は「日本食の健康有益性を研究する中で、1970年頃の日本食がもっとも健康に良いという結果を得ている。当時、コメ消費量は現在より多く、総エネルギーの多くを炭水化物から得ていたが、糖尿病患者は現在よりも少ない。この点に着目した」という。

糖質制限マウスの老化促進理由については、「糖質摂取を減らすことで、アミノ酸に分解されるタンパク質の割合が増加する。その結果、『オートファジー

（不要になったタンパク質などを細胞自身が分解し、新たなタンパク質を生成する作用や、細胞内をきれいに保つ作用）』が抑制されやすくなり、不要なタンパク質が蓄積されるため」と解説する。

そのほか、学習・記憶能力や腸内細菌機能、脳機能などでも、糖質制限食のマイナス影響が実験で確認されたという。

ただし「現時点でオートファジー抑制の詳細なメカニズムは不明で、糖質制限を否定するわけではない」とし、「今後はこの解明とともに、糖質制限の度合いを四つのレベルに分けた実験や、実験動物だけではなくヒトを対象にした実験を行い、エビデンスを示したい。」とする。

## 効果的ダイエットにコメ中心の食事を

柏原ゆきよ日本健康食育協会代表理事は、管理栄養士として5万人以上の栄養指導を行ってきた。「ダイエットに必要なのは、身体に必要な栄養をきちんと摂ること」とし、医療や栄養のプロが薦める効果的なダイエット食として「コメを中心とした食事」の有用性を強調する。

「食べても食欲が止まらないのは、栄養が足りないから」。というのは、カロリーはあっても、燃焼させる栄養が不足すると、脳は栄養不足と判断し、食べたい欲求を出す。結果、食べすぎてしまう。取りすぎたカロリーは脂肪に変わるが、生命維持に不可欠な内臓が詰まったお腹に優先的に付くのは、体の防御反応だ。

ダイエットには、カロリーが燃焼する栄養バランスと燃焼させる栄養、余分なものを排出する栄養が不可欠である。あまり知られていないが、燃焼する栄養バランスは、炭水化物６割、タンパク質と脂質 20 ～ 25%で、ご飯６割、おかず4割の割合だ。

一方、図表1を見ると、戦後食卓が豊かになり、おかず量が増えてご飯が減り、炭水化物の割合が激減。半面脂質が増えている。特筆すべきは、摂取カロリーも減っていることだ。だが、長期スパンで見ると、男性を中心に肥満は増加傾向にある。

カロリーを燃焼させるのは糖質で、とくご飯が優秀だ。ご飯中心の食事は脂質の割合が低く、脂質が高い食事はカロリーが燃焼しにくい。ただし、良質の

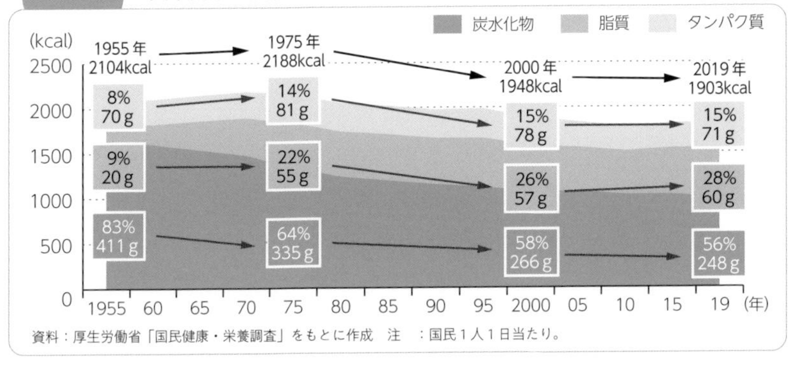

資料：厚生労働省「国民健康・栄養調査」をもとに作成　注　：国民１人１日当たり。

油はご飯と一緒に摂取することで、代謝を上げるとともに便通効果もあり、なにより女性ホルモンを整え美肌に欠かせない。

長年、ご飯中心の食事をしてきた日本人は、コメに適した体質となっていることが、さまざまな研究で明らかにされている。

糖質制限ブームの昨今、コメはダイエットの大敵で、食べる量を減らすことが推奨されているが、人間の体の「消化吸収」「燃焼」「排出」の法則に流行はない。これがきちんと機能することで、体にため込んだ余分なものが排出され、健康はもとより、精神や美容にも好影響を及ぼす。

メンタル面に注目すると、コメを食べると精神的な安定を促すセロトニンという神経伝達物質が分泌される。さらに、きちんとかむことで、血糖値は緩やかに上下する。結果、体温もメンタルもゆったり動き、安定した気持ちと持続する集中力・精神力を作る。

なにより「おいしい」「楽しい」と思う気持ちが、唾液の分泌を増やし、胃腸の動きを活性化する。食事量を制限するダイエットはこれを阻害する。むしろ、外食やお酒を適度に楽しむ方が、メンタルの影響を受けやすい繊細な胃腸に、好影響を及ぼすことはいうまでもない。

# 玄 米

コメの機能性と食味

（一社）高機能玄米協会※

## 玄米を軸にしたお米の消費拡大

※理事長　尾西洋次

### 食欲の起源

すでに承知のことではあるが、日本人一人当たりのコメの消費量は、1990年から2020年の30年間で約70kgから50kgへと20kgも減少してしまった。要因については、人口の減少や高齢化社会への移行、そして夫婦共働きによる家庭生活の変化や調理済み食材や外食などの食生活の多様化であると分析されている。

ところが、パンや麺などの原料である小麦は30年間ほぼ横ばいの約30kgで推移しており、最近ではむしろ増加傾向にある。この違いは何か？短絡的にいえば、小麦を主原料とするパンや麺、そしてパスタやケーキなどは、ヒトが敏感に風味を記憶できる食品に姿を変えてわれわれの日常に存在し、食欲を呼び起こしている。逆にご飯（コメ）においては、風味そのものは淡白で、主菜との相性で記憶していることが多いということだ。

ヒトの食欲については、2020年2月に放送された「NHKスペシャル・食の起源・第5集『美食』～人類の果てなき欲望!?～」において、人類の味覚の進化で詳しく取り上げられた。その一端を紹介することで、先ほどの小麦とコメの30年間の消費動向の違いについて仮説を立てたい。

人類は進化の過程で、舌にある味覚センサーのうち毒を感知する「苦み」について、大量の情報を集積して「美味しいもの」と記憶することを可能にした。そして、人類は進化の過程で鼻と口がつながり、食べた物の風味を味覚や嗅覚でも記憶できるようになった。それが、ヒトの「食欲の呼び起こし」であると解説している。

食品においての苦みは植物由来のものが多いが、火を使ってできる「おこげ」などの褐変現象も苦みである。そういえば、小麦製品のパンやケーキなどはすべて焼き上げた食品であり、麺やパスタも褐変現象である醤油や加熱した油などと一緒に食べられている。

消費の減少が止まらない「お米」といえば、人の目に触れるところでは、銘柄・産地・年産等の表記により販売されており、食欲を呼び起こす要素はまったく感じられない。

コメの加工品では冷凍食品の炒飯や焼きおにぎりが人気で、その理由はやはり焦げていることが要因だと思われる。極論ではあるが、電気炊飯器の普及で「ご飯のおこげ」が無くなったことも原因ではないかと考えたくなる。

## 共感脳による玄米食の普及

先のNHK番組で、人間の食欲を呼び起こすファクターには共感という能力があることを明示している。たとえば、あそこのラーメンは美味しいという口コミを見て人が食べに行くという行動をとることも、共感脳の一種であるといっている。

当協会が推奨している玄米食専用品種「金のいぶき」は、一般品種の3～4倍の胚芽をもち、栄養素においても精白米と比較して免疫強化に役立つ食物繊維は7.8倍、血圧調整効果のあるGABAは5倍、成人病の予防効果の高いγ-オリザノールは15倍、そして「若返りのビタミン」といわれているビタミンEは何と26倍もある。コメの消費拡大について、このような要素をわかりやすく解説して、コメ離れの激しい高齢者に向けて「健康で長生き！玄米はすごい」を標語として、共感脳に訴えかけて普及活動を行うことが有効であると考えている。

「金のいぶき」の魅力を訴え続けることで今まで日本人の食生活に何時も寄り添ってきたお米について、多くの人に食欲と需要を喚起したい。

# 雑穀米

コメの機能性と食味

## 白米に混ぜて ご飯に付加価値

### 雑穀の栄養

「雑穀」は、狭義にはイネ科作物のうち穎果をつけるヒエ、アワ、キビなどの穀物の総称をいい、英語では millt と訳される。しかし、現在ではマメ類やソバ、ゴマなどの穀物も含めて「雑穀ミックス」としたさまざまな商品も出回っており､主食以外に利用される穀物全体を指すことが多い。

穀物である雑穀は炭水化物が多く 100g 当たりのエネルギー（kcal）は精白米とあまり変わらない。精白米と比較して含有量の多い栄養素は、雑

図表１　主な雑穀の栄養素

| | ミネラル | | | | ビタミン | | | 食物繊維 g |
|---|---|---|---|---|---|---|---|---|
| | カルシウム mg | マグネシウム mg | 鉄 mg | 亜鉛 mg | ビタミン$B_1$ mg | ビタミン$B_2$ mg | ビタミンE mg | |
| コメ | 5 | 23 | 0.8 | 1.4 | 0.08 | 0.02 | 0.1 | 0.5 |
| コムギ | 17 | 23 | 0.9 | 0.8 | 0.09 | 0.04 | 0.5 | 2.7 |
| ヒエ | 7 | 58 | 1.6 | 2.2 | 0.25 | 0.02 | 1.3 | 4.3 |
| アワ | 14 | 110 | 4.8 | 2.5 | 0.56 | 0.07 | 2.8 | 3.3 |
| キビ | 9 | 84 | 2.1 | 2.7 | 0.34 | 0.09 | 0.8 | 1.6 |
| モロコシ | 14 | 110 | 2.4 | 1.3 | 0.10 | 0.03 | 1.7 | 4.4 |
| ハトムギ | 6 | 12 | 0.4 | 0.4 | 0.02 | 0.05 | 0.1 | 0.6 |
| ソバ | 12 | 150 | 1.6 | 1.4 | 0.42 | 0.10 | 2.1 | 3.7 |
| アマランサス | 160 | 270 | 9.4 | 5.8 | 0.04 | 0.14 | 4.5 | 7.4 |
| キヌア | 46 | 180 | 4.3 | 2.8 | 0.45 | 0.24 | 6.8 | 6.2 |

資料：文部科学省『日本食品成分表』（八訂）
注　：コメは精白米、小麦は１等強力粉、ソバはソバ米。アマランサスとキヌアは玄穀出その他は精白粒。

穀の種類にもよるが、カルシウムやマグネシウム、鉄、亜鉛などのミネラルやビタミンB群、ビタミンE、食物繊維などである（図表1）。

## 主な雑穀の特徴

主な雑穀について、日本での利用や栄養素を以下に記す。

### ①ヒ　エ

縄文時代に中国から伝来したともいわれ、アワとならんで日本最古の穀物だったとみられる。白米と比較してとくにビタミン$B_1$や食物繊維が多い。

### ②ア　ワ

ウルチアワとモチアワがあり、一般に粟飯にはウルチ性が、だんごや粟モチなどにはモチ性が利用されている。マグネシウムや鉄、ビタミン$B_1$、ビタミンEが豊富。

### ③キ　ビ

だんごやもちなど、ほとんどモチ性品種が利用されている。マグネシウム、鉄、亜鉛が多い。薬膳では胃腸の働きを高めるとされる。

### ④モロコシ

タカキビ、ソルガムとも呼ばれ、中国ではコーリャンと呼ばれる。食用はもちろん、飼料、精糖、デンプンなど工業用、ビールなどの醸造原料など非常に用途が広い。

### ⑤ハトムギ

日本にはおよそ300年前に中国から伝来し、病後の滋養強壮薬などに利用された。むくみをとって体の老廃物を排出する働きがあるとされる。生薬名はヨクイニン。美白効果も期待される。

### ⑥ソ　バ

ソバに含まれるルチンはポリフェノールの一種で、毛細血管を強くする働きがあるとされている。とくにヨーロッパでは、グルテンフリーの食材としても評価されている。

ph:pixta

### ⑦アマランサス

紀元前からアンデス南部の山岳地帯でアステカ族が栽培していたという。非常に栄養豊富でアミノ酸のバランスも良く、アミノ酸スコアは100。

### ⑧キヌア

ほうれん草と同じヒユ科アカザ亜科の植物。アメリカのNASAが「21世紀の主要食になる」と発表し、スーパーフードとして知られる。

### ⑨シコクビエ

日本へは縄文時代に伝来したとされる。インドやネパールではロティにして、日本ではだんごにして食べられる。

### ⑩黒米、赤米

赤米や黒米など古代の品種の特色をもつイネを「古代米」と呼んでいる。黒米はアントシアニン系の色素、赤米はタンニン系の色素をもつ。

（資料：井上直人、倉内伸幸　共著『雑穀・精麦入門』（2017年））

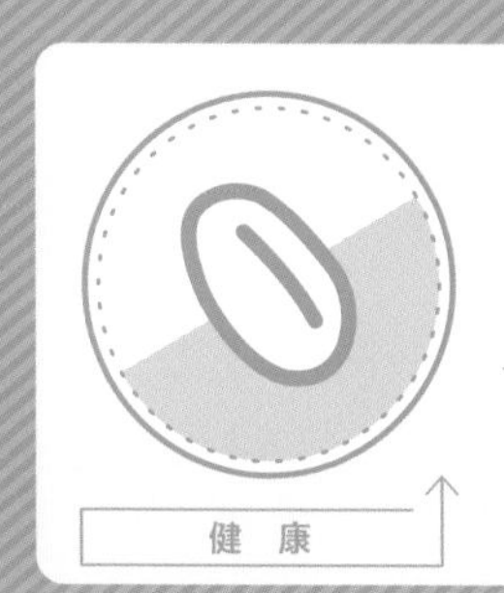


# もち麦

コメの機能性と食味

㈱はくばく

## 「もち麦」の優れた機能性
～発酵性食物繊維として注目の食材～

### 拡大する大麦市場、もち麦の注目度の高まり

大麦は麦ごはん、ビール、麦茶など日本人の食卓に欠かせない穀類だが、近年の健康志向で大麦の注目度が高まり、なかでも食物繊維の含有量が多い「もち麦」が人気を呼んでいる。

大麦はイネ科オオムギ属の植物で、コメにうるち性ともち性があるように、大麦にもうるち性ともち性があり、同じ品種でも特性や成分が変わってくる。もち麦は、大麦のなかでも水溶性食物繊維を豊富に含み、もちもちぷちぷちした食感が人気となり注目度が高まった。

もち麦の人気の１つは、もち性特有の食感にある。大麦の胚乳にはデンプン、食物繊維、タンパク質が蓄えられており、デンプンがもつアミロースとアミロペクチンのうち、もち性の穀物はアミロペクチンの含有率が高いことがわかっている。アミロースはグルコース（ブドウ糖）が直鎖状につながりロープ上のらせん形をしているのに対し、アミロペクチンはグルコースの集まりが枝状に分かれたもので、吸水率が高くもちもち食感を作りあげている。このもちもち食感を活かしつつ、粒が割れないように磨くことでもちぷち食感が生まれる。このもちぷち食感を活かした商品が多数販売され、コンビニのおにぎりやおはぎは女性中心に人気となっている。

近年、水溶性食物繊維にさまざまな健康効果があることが明らかになってきた。大麦には水溶性食物繊維が他の穀物や野菜に比べて豊富に含まれており、とくに、もち麦の水溶性食物繊維はうるち性の大麦と比べても多く含まれている。

## 生活習慣病予防に注目の食材「もち麦」

今、世界中の研究者たちが、もち麦に注目し研究を進めている。もち麦に多く含まれるβ-グルカンは、以下のような作用が明らかになっていたり効果が期待されている。

もち麦は白米に混ぜて食べるなど、生活習慣病対策が手軽にできる食材として注目されている。

### ① 悪玉コレステロール値の低下

血液中の悪玉コレステロールや中性脂肪の値が高くなる脂質異常症は、過食・運動不足などのさまざまな生活習慣が関与している。白米だけを摂ったグループともち麦と白米を1：1の割合で摂ったグループを比較した研究[1)]では、もち麦のグループの方が、総コレステロールと悪玉コレステロールの値は有意に下がっていたことがわかった。もち麦に含まれるβ-グルカンの下記の作用が寄与していると考えられる。

1. 消化過程でコレステロールを包み込んで排出。
2. コレステロールから合成され腸管内で脂質の吸収に関与する胆汁酸を包み込んで排泄を促進。その際、コレステロールから胆汁酸の合成が促進され、結果としてコレステロール値が減少。
3. β-グルカンがエサとなり腸内細菌により産生される代謝物、短鎖脂肪酸が肝臓に働きかけコレステロールの合成を抑制。

### ② 内臓脂肪の減少

もち麦はお腹に脂肪がたまる内臓脂肪型の肥満とも関連が高いことがわかっている。もち麦ごはんを用いた研究[2)]では、β-グルカンフリー大麦10%配合の麦ごはんを摂ったグループとβ-グルカン高含有大麦50%配合の麦ごはんを摂ったグループでは、後者の内臓脂肪面積が有意に減少したことがわかった。

### ③血糖値コントロール

食後の血糖値の急上昇は、インスリンの過度な分泌を促進し、肥満や糖尿病につながる。食後の血糖値の急上昇は「血糖値スパイク」といわれ、血管にダメージを与えるなどの健康被害が起こることがわかっている。

血糖値を急上昇させないための食品選びの目安として、「GI※値」という食後血糖値の上昇度を示す数値がある。一般的に白米や小麦のみのパンはGI値が高く、もち麦やその他の大麦を配合したごはんやパンはGI値が低下。もち麦を用いた研究[3)]では、ごはんに対するもち麦の割合が多くなるほどGI値が低下し、糖の吸収がゆるやかになることがわかった。これは、β-グルカンがともに摂取した栄養素とゲルを形成することで、栄養素の吸収が遅延し、血糖値の上昇が緩やかになるためと考えられている。

※GI（Glycemic Index）値……糖質を含んだ食品が体内で分解されブドウ糖として吸収される際に起こる血糖値上昇の度合いを表現する数値。グルコース（ブドウ糖）100に対しての相対値。数値が高いほど血糖値が急上昇する。

### ④ セカンドミール効果

GIを提唱したカナダ・トロント大学のジェンキンス博士は1982年に「セカンドミール効果」を発表。セカンドミール効果とは、ファーストミール（最初の食事）がセカンドミール（次の食事）にも影響を及ぼすことをいい、食物繊維が豊富な食事を摂ると、その食事だけではなく次の食事の血糖値の上昇を抑えることがわかっている。

白米だけを摂ったグループともち麦と白米を1：1の割合で摂ったグループを比較した研究[4)]では、もち麦ごはんのグループの方が食後の血糖値の急上昇を抑え、さらに次の食事の血糖値上昇も抑えた。

### ⑤ 血圧上昇効果抑制に期待

塩分の摂りすぎは、血液中の水分を増やし血圧を上昇させることから、高血圧の予防には、塩分を控えることが重要視されてきた。近年は塩分を控えることと同時に、塩分を体外に排出する食事を摂ることも薦められている。そこで注目されているのがβ-グルカンなどの水溶性食物繊維で、β-グルカンなどの水溶性食物繊維は、腸内にあるナトリウムを包み込み、排出を促す効果があるといわれている。そのため、β-グルカンなど水溶性食物繊維が豊富なもち麦を摂ることで、塩分の排出を促し血圧上昇の抑制が期待できる。

また、腸内環境の悪化で血圧が上昇しやすくなるともいわれており[5)]、日常的に腸内環境を整えておくことも必要となる。

全粒穀物と血圧の関係を調べた研究[6]では、不溶性食物繊維を多く含む玄米と小麦を摂取した場合でも、水溶性食物繊維を多く含む大麦を摂取した場合でも拡張期血圧や平均動脈圧が低下。水溶性食物繊維、不溶性食物繊維を多く含む食品を増やすことは、血圧を下げ、体重のコントロールに役立つ可能性があると指摘している。

このようにもち麦は生活習慣病予防や改善食材として、今後も活用が広がっていくことを期待したい。

〔引用文献〕
1）Shimizu C, et al.“Plant Foods Hum.”Nutr.,63:21-5（2008）
2）Aoe S, et al.“Nutrition ”42,1-6（2017）
3）『日本栄養・食糧学会誌』7：283（2018)
4）『薬理と治療』41,8,789-95（2013）
5）大櫛陽一『高血圧を下げる新・食事法』成美堂出版
6）Kay M. Behall, et al.,“J Am Diet Assoc.”06,010（2006）

**もち麦**

㈱はくばく
☎0120-089890

もっちりぷちぷち食感が特徴。白米と一緒に炊くだけで、食物繊維と食感を手軽にプラスできる。

# 社会が必要としているコメ

東京農業大学　客員教授　雑賀慶二

申すまでもなくコメは食品であるから、供給側は、より人々から求められるコメを提供する様に努めるべき事は当然のことであるが、問題はその消費者ニーズを正確に捉える事はなかなか難しいものである。しかし筆者が自信をもって言えることは、これからは『玄米の栄養素が残り、且つ高タンパク質でありながら美味なコメ』が求められるだろうと予想する。

尤も昨今では供給側は『良食味の低タンパク質のコメ』造りに明け暮れている様であるが、それは良食味のコメを得ようとするには、タンパク質含有率を下げないといけないとの二律背反の問題と受け止めているからであろう。

しかし約2年前に農林水産省が開催した、第１回スマート・オコメ・チェーンコンソーシアム講演会に於いて、筆者が述べた如く、コメのタンパク質の種類（プロラミン、グルテリン、グロブリン、アルブミン、など）と、含有箇所（細胞膜とプロテインボディ）によって、高タンパク質でありながら良食味のコメを作る事は可能であることと、古来より日本人はコメに含有する炭水化物だけではなく、良質のタンパク質の恩恵も受けてきたし、それでなくともタンパク質の摂取が重要との消費者の健康意識が今後一層高まることが予想されることからも、主食のコメが、とっても美味なだけではなく、玄米の栄養素が残り、且つ貴重なタンパク質も多く摂取出来ることになれば、単に美味なだけでタンパク質が僅かしか含有しない従来のコメは、直ぐに切り換えられ、時代遅れのコメに成り下がることになるだろう。

従って、社会が必要としているコメとは、病人用を除けば『玄米の栄養素が残り、且つ高タンパク質でありながら美味なコメ』になる所以である。

コメの消費拡大に向けた取組み

# コメの政策・マーケットの変遷
## ～生活向上で消費減、新技術が可能性高める～



### 食糧難から一気にコメ余りへ

1942年、コメを中心とする主要食糧の政府管理を目的に、「食糧管理法(食管法)」が制定された。それにより従来の米穀統制法が廃止され、コメの全量が政府直接統制下に置かれた。ところが、戦後の経済発展で食糧難だった当時から状況は一変、食生活が向上し、コメ離れにつながることとなった。消費量は62年をピークに減少を続け、食糧難からコメ余りへと状況が劇的に変化し、70年に減反政策がスタートした（図表1）。

その間、マーケットも変化し、合法の「政府米」と非合法「ヤミ米」のみから、新たな消費ニーズを受けて95年に中間的存在の「自主流通米」が誕生。「新潟コシヒカリ」や「秋田あきたこまち」などの産地品種銘柄米

図表1　水稲作付面積の推移

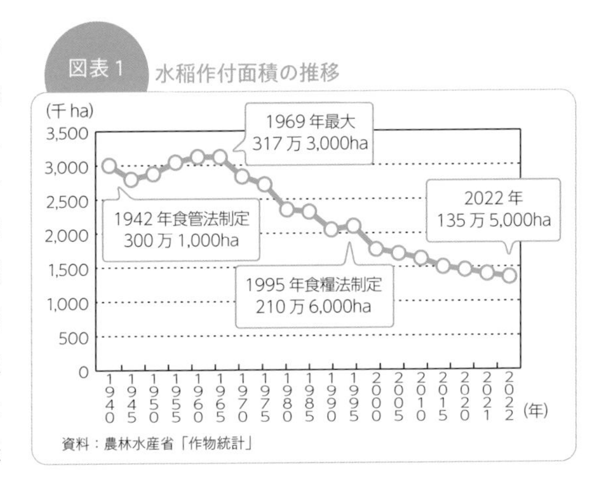

資料：農林水産省「作物統計」

によりコメが物資から商品に変わると同時に、産地や流通に競争原理が導入されて流通自由化が加速的に進み、食管法が形骸化していった。

## 規制緩和で「売れるコメ作り」が白熱

そのようななかで1995年「食糧法」が施行された。価格形成や生産、流通など幅広い分野で政府規制が大幅に緩和され、市場原理が導入されるとともに、従来の「ヤミ米」が計画外流通米として公式に認められた。業界への新規参入も増え、厳しい競争時代に突入した。

その後も、いっそうの競争原理に基づいた生産体制刷新を柱に2004年「改正食糧法」を施行。減反面積の決定権が政府から農業法人(JAグループ)に移行し、前年販売実績を加味して生産面積が配分され、「売れるコメ作り」がキーワードになった。計画流通米制度も廃止され、流通業者が届け出制となり、コメも一般食品同様自由販売が可能になった。

この間もコメ離れは進み、米価下落を誘発し（図表2）、農家直売が急増。JAグループから卸、小売に流れる従来型流通が減り、卸業者の再編・淘汰につながった。核となったのが米卸最大手の神明ホールディングス(HD)だ。同社は、コメ消費そのものの拡大を目指し、無菌包装米飯や炊飯、外食（回転寿司・おにぎり）・中食事業に参入する一方、農業振興も目指して農業法人を立ち上げ、青果物流通に参入するなど、卸業者の事業多角化を先導している。

図表2　コメの小売価格の推移

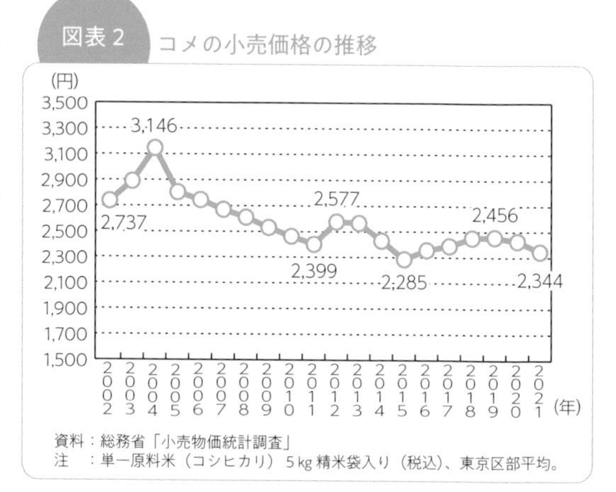


資料：総務省「小売物価統計調査」
注　：単一原料米（コシヒカリ）5kg精米袋入り（税込）、東京区部平均。

## コメを買う時代からご飯を買う時代へ

ライフスタイルの変化で中食や外食の割合が増えて業務用米のニーズが

増加する半面、産地は相変わらず高単価銘柄米の生産に意欲を示している。このミスマッチを埋めようとコメ卸が主体となり、産地や業務用ユーザーを巻き込んだ多収穫米ビジネスが誕生。これには、良食味かつ生産コストを低減した品種改良技術向上も後押ししている。

家庭炊飯の減少はまた、パックご飯市場の拡大ももたらし、コメから「ご飯を買う」消費者の増加はパックご飯市場に追い風となった。米穀業界でいち早く参入した神明HDやアイリスフーズは続々、製造ラインを増強する一方、産地でも、秋田県大潟村に2021年「ジャパンパックライス秋田」が誕生した。JA全農も宮城県内に新工場を稼働させた。

## 22年産新米は原料高、価格転嫁できるかが課題

直近のコメマーケットは、需給緩和傾向を強め価格が下落（図表3）。にもかかわらず、米穀業界では他の食品と同様、電気・輸送・各種資材・人件費など諸経費が軒並み高騰し、影響を受けている。

農林水産省が公表した2021年の1人当たり年間コメ消費量は、51.5kgとなり、1960年の114.9kgとの比較で50％以上縮小している（図表4）。少子高齢化による胃袋縮小が一因だが、小麦粉はほぼ変化なく、むしろ原因は多様化する食生活とみられる。

図表3 コメの相対取引価格と民間在庫量の推移

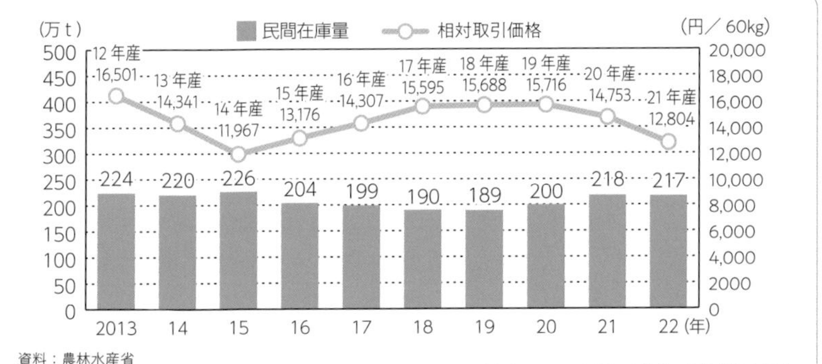


資料：農林水産省
注　：相対取引価格は、当該年度の出回りから翌年10月までの通年平均価格であり、運賃、包装代、消費税相当額が含まれている。

ロシアのウクライナ侵攻で、パンに代表される他の主食が総じて値上がりしても、消費者の購買が変化する傾向はみられない。総務省「家計調査」の購入数量を見ると、３月はコメが前年比6.8％減に対し、パンは同1.3％増。４月はコメ同5.6％減、パン同2.3％減。５月はコメ同10.2％減、パン同2.4％増。６月はコメ同9.5％減、パン同2.2％減と、むしろパンの方が安定している。

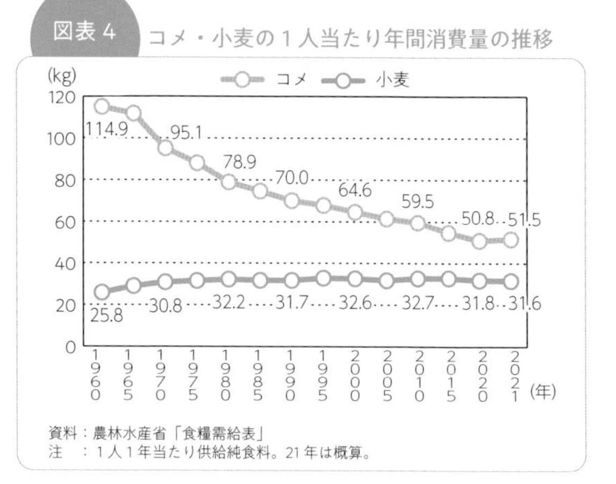

図表４　コメ・小麦の１人当たり年間消費量の推移

資料：農林水産省「食糧需給表」
注　：１人１年当たり供給純食料。21年は概算。

とくに小売販売が低調で、家庭炊飯の減少が裏付けられている。卸業者から、「外食の回復で業務用の販売量は増加するが、スーパーでの販売が減少している」という声が聞かれる。

このように、コメの販売が相対的に低調に推移する中、コメの過剰問題が顕著だ。22年６月末現在の民間在庫量は、217万ｔに上っている（図表３）。その結果、産地が卸業者などに販売する21年産米相対取引価格は、コメ余りを背景にほとんどの月で前年より値下がりした。

一方、生産農家は、輸入に頼る肥料や農薬など生産資材が価格高騰し、離農に拍車が掛かることが危惧されている。流通業界では、精米の加工や輸送などにかかる諸経費高騰に原料高も予想され、経営を圧迫しそうだ。値上げは必要だが、どこまで消費に影響するかの懸念も出始めている。

## 需要拡大、千載一遇のチャンス

コロナ禍の流通の乱れによって多くの食品が値上がりし、さらに、ウクライナ危機で小麦粉の価格高騰はもとより供給すら危ぶまれている。多くの食品を輸入に頼るわが国では、円安の進行、将来的な調達不安、多様な食品の価格高騰などから、全量自給可能で価格が安定するコメが注目されている。しかし、消費喚起にはつながらず、コメ離れが止まらない。一方で外食大手では、米飯関連メニューを増やす方針を打ち出した企業もあり、今後こうした動きが広がるのは必至となりそうである。小麦粉代替の米粉はもとより、パックご飯や災害備蓄用アルファ化米、さらには、最新テクノロジーを駆使した医薬品や工業製品など非食品を含め、コメの可能性に関心が高まり、新たな需要創造が期待されている。

また、昨今の玄米ブームといえる状況は続く。東洋ライスの「ロウカット玄米」は、POS（KSP）データによる玄米カテゴリーで、2019年1月から一貫して売上げ首位を維持。「発芽米」ブランドで発芽玄米を展開するファンケルも、21年6月からの1年間で、販売店舗が前年より1,000店舗も増加し、ユーザー層の裾野拡大が図られている。

玄米や雑穀入りパックご飯の商品化も相次いでいる。大潟村あきたこまち生産者協会は、「玄米ごはん」と「黒米と玄米ごはん」を新発売。2品とも「食後血中中性脂肪値の上昇をおだやかにする」機能性表示食品となっている。同社では、白飯は「共同出資のジャパンパックライス秋田で対応するが、玄米や雑穀入りなど健康ご飯は、相性の良いレトルト米飯で製造する」と話す。

幸南食糧も従来から、レトルトの玄米や雑穀、もち麦入りご飯を商品化していたが、香港市場に向け、現地最大のコメ卸グループ・ゴールデンリソースグループのPB商品として、日本米を使った玄米や雑穀入りパックご飯「発芽玄米ごはん」「十六穀ごはん」を開発し、輸出をスタート。日本食の人気が高い香港で、コロナ禍を契機とした健康志向や家庭内食傾向の強まりに対応する。

このように、コメのもつポテンシャルを生かした商品は続々誕生し、マーケットで受け入れられている。不安定な国政情勢でコメは今、またとないチャンスを迎えているのだ。農家を守るためには、主食用米の生産量を減らす価格維持政策だけではないはずである。国と民間が連携し、将来的な食料生産を守るため、今こそコメの需要を盛り上げることに取り組まなくてはならない。

コメの消費拡大に向けた取組み

# 地域活性化研究所による生産地支援

幸南食糧㈱　地域活性化研究所　橋本太郎

筆者の出身地・兵庫県宍粟市は、県中西部に位置する中山間地である。実家ではコメや野菜を作っており、幼い頃から祖父の手伝いで田んぼ仕事や畑仕事をしていた。農業が近くにある環境で育ってきたこともあって、生産者の気持ちがよくわかる。

当社に入社して17年経った2018年、会長から「日本の農業を取り巻く環境が大きく変わってきている。今こそ生産者の方々に寄り添っていくことをやっていこう」と提案があり、生産者の6次化支援を行う「地域活性化研究所」が立ち上がった。

日本の農産物はコメをはじめとして青果、果物、そして水産物等、食味に優れ市場価値が大いにある一次原材料品である。それらの農産物や水産物により、多くの人々の暮らしが支えられて来た。しかし、2020年時点で日本農産物の食料自給率は38%にすぎず、農水省において供給熱量ベースの総合食料自給率目標を2030年までに45%とすることが掲げられており、国民にとって非常に大切な課題となっている。ところが、食の多様化、少子高齢化等により需要と供給のバランスが崩れ、生産者の課題が表面化している。災害などの事情により収量が安定せず、所得が安定しない。結果、若い人が興味をもてず、担い手不足がおき、就農者の状況が深刻になってしまっている。

地域活性化研究所では、全国農業協同組合や全国の農業法人や全国地方自治体等とも連携を行い、6次産業化を通じて生産地支援を行っている。

たとえば、大阪府松原市の難波ネギを活用した新たな加工品や、兵庫県丹波の小豆生産者の加工品を企画製造することにより、新しい流通を作り上げている。これらの活動を進めているなかで、農業生産者等の第一次産業従事者の生活基盤の向上、安定と持続可能なスキームを達成する手段の一つとして、私たちがこれまで取り組んできた農産物、水産物等を加工流通（6次産業化）させることが、未来の農業を活性化・発展持続できると考えている。優れた加工技術を提案し生産者の想いを可能にして生産者の所得向上ができるように支援を行っていく。

## 生産者との取組事例

兵庫県丹波市の「なかで農場」との取組みは、当研究所にとって代表的な事例になる。同農場は丹波の地域で400年近く生産されてきた丹波大納言小豆を守り続けているが、年々生産者が減っている。この状態を打破するためにも、新しい取組みを行って丹波大納言小豆を守り、後世に残したいと当研究所に相談があった。同農場とアイデアを出し合い、地元に愛される商品を作ろうということになった。そこで考えたのが、高校生を巻き込んだ産学農連携である。地元の氷上高校の生徒にどのような商品が面白いか、アイデアを出してもらったところ、「通常の5倍の小豆を入れた赤飯」という案が出た。赤飯どころか小豆ごはん、インパクト抜群。商品ネーミングは、地元の伝説的武将・赤井直正の愛称である赤鬼からヒントを得て「赤鬼飯」とした。赤鬼飯は、小豆がたっぷりと入り、地元の丹波産コシヒカリと丹波産のもち米を使用したオール丹波産で商品化した。この取組みに賛同した近畿地区の郵便局や道の駅、百貨店などで販売してもらい、今では年間2万個近く売れる商品となっている。生産者の想いを形にし、地元の若者とも力を合わせ地域活性化することができた。私の思いとしては商品を作るだけでなく、その商品に生産者の想いや地域の歴史・誇りを感じてもらえるような商品作りを行っている。

郵便局の窓口商品として採用された「赤鬼飯」

全国に、なかで農場のような生産者が拡がっていくことを願っている。

コメの消費拡大に向けた取組み

# 農産物検査規格の見直しと<br>スマート・オコメ・チェーンについて

農林水産省農産局穀物課　米麦流通加工対策室長　葛原祐介

## 農産物検査規格の見直し

平成から令和へと時代が変わり、国内ではかつてない少子高齢化・人口減少の波が押し寄せている一方で、ロボット・AI・IoTといった技術革新やグローバル化の進展、SDGsに対する国内外の関心の高まりなど、わが国経済社会は新たな時代のステージを迎えている。これからは、農業・食料関連産業は成長する海外市場にも着目し、そこにもしっかり売り込んでいくという方向に転換することが不可欠となっている。

農産物検査規格に関しても、このような時代の変化に対応した見直しが必要なことはいうまでもない。農産物検査が農産物流通の現状や消費者ニーズに即したものとなるよう、「農産物検査規格・米穀の取引に関する検討会」で議論を重ね、令和３年５月に図表１のようにとりまとめた。このなかにはスマート・オコメ・チェーンの構築がある。

この見直しは、農産物規格・検査が農産物流通の現状や消費者ニーズに即した合理的なものとなり、コメの販売方法や栽培方法等に関して農業者・事業者に多様な選択肢の提供、農業者・事業者の創意工夫の発揮、農産物検査の合理化による農業者・事業者や現場の負担軽減、スマートフードチェーンの活用や新たなJAS規格の策定等を通じたコメの付加価値向上、さらには、これにより海外での日本産米の地位向上にもつなげていけるこ

図表1 農産物検査の行程と見直しの概要

| 行　程 | | | 見直し概要 |
|---|---|---|---|
| 包装検査 | 規程の素材か、検査の荷役に耐えられるかを確認 | → | ・素材を限定しない新規格を制定<br>・流通合理化につながるフレコンの推奨規格を制定 |
| 量目（重さ）検査 | 正味重量や皆掛重量を計量・証明 | → | ・農産物検査証明における皆掛（みなかけ）重量の記載を廃止<br>・「余マスの手引き」を作成 |
| 品位検査 | 一定のサンプルを採取して被害粒の混入程度等を目視で確認し、1等・2等といった等級を格付 | → | ・国際的な考え方に基づきサンプリング方法を簡素化<br>・現行の規格とは別に機械鑑定を前提とした規格を制定、等級格付ではなく機械の測定値を検査証明に記載 |
| 銘柄検査 | 都道府県ごとに指定された産地品種銘柄か目視で鑑定 | → | ・現在の目視鑑定から書類審査に見直し<br>・都道府県ごとの「産地品種銘柄」に加え、全国一本で品種を指定する「品種銘柄」を設定 |
| 検査証明発行 | 包装に印刷されている検査証明欄に等級印等を押印したり、紙で証明書を発行 | → | ・一定条件の下、あらかじめ等級等を包装等に記載可能<br>・等級など検査情報等をQRコードなどの照会コードにより表示可能 |
| 検査以外の見直し | → 農産物検査を要件とする補助金・食品表示制度を見直し<br>→ データ駆動型のコメ流通を実現させる「スマート・オコメ・チェーン」の検討を開始 | | |

と等の効果を想定しており、農業者の所得向上やコメ関連産業の健全な発展につながっていくことが期待されている。

なお、農産物検査規格において導入された令和4年産米より、水稲うるち玄米の機械鑑定を前提とした規格に関しては、当面の間の対応として、国は機械測定の数値と品質との関係の目安を示すこととなった。従来の等級規格の項目になく、新たに機械鑑定による農産物検査項目となった容積重、白未熟粒、胴割粒および砕粒について、従前の各等級における穀粒判別器や電気式穀粒計で測定した測定値の平均値を参考として公表している。

一連の改革が単に規程が変わるだけでなく、意味のあるものとなるためには、関係するすべての者が今回の見直しの意義を認識し、新たな仕組みを利用していくことが重要である。引き続き見直しの意義について関係者の理解を深めるべく、周知に努力していきたい。

## スマート・オコメ・チェーン

この検討会の結論では、「生産から消費に至るまでの情報を連携し、生産の高度化や販売における付加価値向上、流通最適化等による農業者の所得向上を可能とする基盤（スマートフードチェーン）をコメの分野で構築（スマート・オコメ・チェーン）し、これを活用した民間主導でのJAS規格制定を進める」とされ、そのためのコンソーシアムを設置することが決定された。

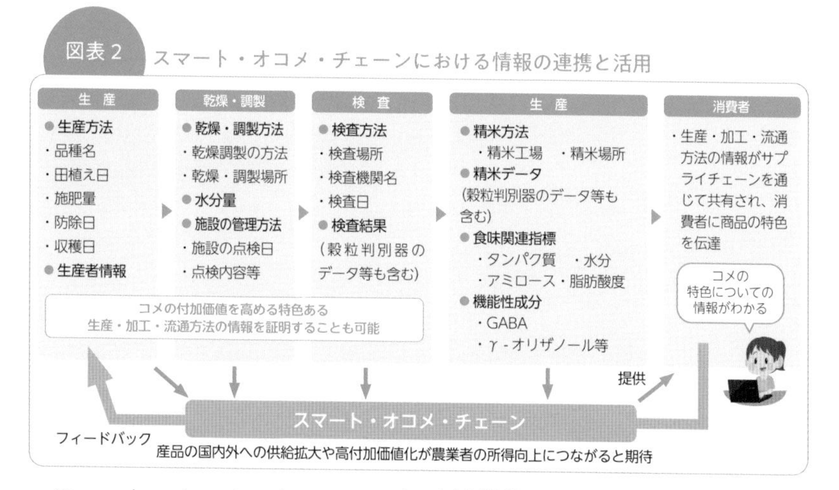


図表2　スマート・オコメ・チェーンにおける情報の連携と活用

スマート・オコメ・チェーンのデータ連携基盤を活用することで、たとえば、消費者はよりニーズにマッチした商品選択が可能となり、生産者は消費者のニーズをより把握しやすくなるほか、機械鑑定等のデータをリアルタイムで実需者へ提供され、精米工場では機械鑑定等のデータを活用した精米計画、搗精処理が可能となる（図表2）。農林水産省では、令和3年6月にスマート・オコメ・チェーンコンソーシアムを設立したが、現在、生産者、流通事業者、実需者、企業、消費者団体、地方公共団体等から150を超える会員登録があり、標準化ワーキング・グループ、輸出ワーキング・グループ、品質伝達ワーキング・グループ等のテーマに分かれた検討を行っている。

標準化ワーキング・グループではスマート・オコメ・チェーンの情報フォーマット、輸出ワーキング・グループではコメの輸出の関する規格・基準、品質伝達ワーキング・グループではコメの消費拡大・付加価値向上に資する消費者向け情報提供内容と効果的な情報提供方法などについて、検討が進められている。

今後とも時代の変化は加速する。コメの規格が時代の変化に適したものであり続けるよう、世界をリードするものであるよう、常に検証・見直しを行うことが必要である。安全・安心で食味に優れた日本のコメは、海外市場も含め、大きな可能性をもつ。関係者が協力してわが国のコメの競争力を強化し、農業者の所得向上とコメ関連産業の健全な発展、そしてわが国水田農業と食生活の改善に貢献することを願ってやまない。

コメの消費拡大に向けた取組み

# コメ産地のブランド展開

## 北海道 「ふっくりんこ」認知広がる

北海道産米は、日本穀物検定協会が実施する食味ランキングにおいて3大銘柄の「ゆめぴりか」と「ななつぼし」が13年連続、「ふっくりんこ」が4年連続で最高ランクの「特A」を獲得。ロングセラー「きらら397」と併せ、4大銘柄となっている。道南中心に生産される「ふっくりんこ」は大手コンビニエンスストア(CVS)のおにぎりに採用され、道外での認知度が広がっている。

コメ需要減が加速化するなか、21年産は22年産作付面積が前年比5.6%減。銘柄別ではブランド米「ゆめぴりか」と、直播栽培や高密度栽培で普及拡大が期待される「えみまる」は前年より増加した。22年産は新米キャンペーン(道外)として「マツコの重み北海道米BIG LOVEキャンペーン」を実施した。

## 新潟県 「新之助」の販売強化目指す

新潟県では需要に応じたコメ作りを推進し、「コシヒカリ」「こしいぶき」のほかにも多収性で値頃価格と良食味を両立させた「みずほの輝き」など多様な銘柄を揃えている。

「新之助」は2008年から開発を進めた新潟県の新品種。稲が稔る時期が遅く、収穫期前の暑さを避けることで食味・

図表1
平成23年以降に誕生した主なブランド

秋田県
秋のきらめき
つぶぞろい
サキホコレ
北海道
ゆめぴりか
きたくりん
富山県
富富富
山形県
雪若丸
つや姫
鳥取県
プリンセスかおり
星空舞
新潟県
新之助
青森県
青天の霹靂
島根県
つや姫
長崎県
ながさきつや姫
長野県
風さやか
岩手県
金色の風
銀河のしずく
佐賀県
さがびより
石川県
ひゃくまん穀
宮城県
だて正夢
福岡県
めし丸元気つくし
福井県
いちほまれ
あきさかり
福島県
里山のつぶ
天のつぶ
福、笑い
広島県
恋の予感
茨城県
ふくまる
一番星
千葉県
粒すけ
栃木県
とちぎの星
埼玉県
彩のきずな
三重県
結びの神
香川県
おいでまい
神奈川県
はるみ
愛媛県
ひめの凛
滋賀県
みずかがみ
大分県
つや姫
熊本県
くまさんの輝き
高知県
よさ恋美人
京都府
京式部
愛知県
愛ひとつぶ
宮崎県
宮崎特選米
おてんとそだち

品質面で安定しやすい晩生品種となっている。「こしいぶき」に続き、食の多様化にともなうニーズに対して「コシヒカリ」とは異なるおいしさを追求して誕生した。

冷めてもおいしく、米飯物性の劣化も少ない「新之助」は高価格帯としてデビューしたが、20年に販売価格を修正し値頃感が出たことや、中京や関西地区で初のTVCMを放映するなどの販促強化により、人気が高まっている。

## 秋田県 「サキホコレ」本格デビュー

秋田県では、期待の新品種「サキホコレ」が2022年秋、本格デビューした。食味を徹底的に追求し、9年の歳月をかけて開発。外観は白くてツヤがあり、粒感のあるふっくらした食感と上品な香り、噛むほどに深い甘みが広がる、まさに秋田のフラッグシップ米となるべき銘柄だ。ネーミングは「小さなひと株が誇らしげに咲き広がって、日本の食卓を幸せにする」という思いが込められており、米袋は名称を「書」で堂々と配置し、最上級品種にふさわしい風格と気品を表現している。

同県はまた、「あきたecoらいす」の拡大に取り組んでいる。県が定めた慣行栽培との比較で農薬の使用成分・回数を半分以下に抑え、地球環境に配慮したコメで、これに賛同した京急電鉄が「あきたecoらいす応援プロジェクト」を結成、22年で14年目を迎えた。

## 岩手県 「銀河のしずく」生産拡大へ

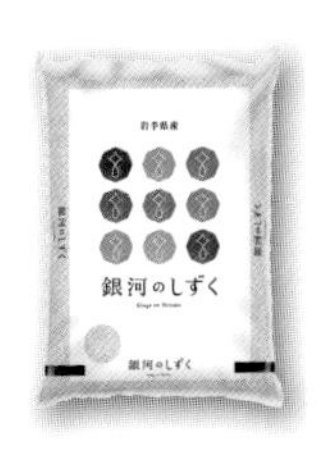


岩手県オリジナル品種として、軟らかく甘みの余韻が続く極良食味米「金色の風」と、軽やかでさっぱりした味わいと炊き上がりの白さが特徴の「銀河のしずく」があり、岩手を代表するコメとしてバランスのとれた食味で献立を選ばない「ひとめぼれ」ほか、「あきたこまち」「いわてっこ」など多様な品種を構成している。

JA全農いわてでは、県オリジナル品種としてデビュー7周年目の「銀河のしずく」の作付け拡大に取り組んでいる。冷害や病害に強く収穫量も多い生産者メリットに加えて、品質だけでなく生産拡大で価格メリットも打ち出す。

新米販促活動では、「2022いわて純情米・岩手の本気を食べてみて」と銘打ったTVCMと連動したキャンペーンを実施した。

## 宮城県　みやぎ環境保全米に注力

宮城県では、「お米も食卓シーンに合わせて選ぶ時代」を掲げ、幅広い料理に合い、毎日の食卓を支える「ひとめぼれ」ほか、和食の風味を最大限に引き出す「ササニシキ」、上品なもちもち食感の高級米で2022年に誕生5周年を迎えた「だて正夢」、健康志向に対応した玄米食専用巨大胚芽米「金のいぶき」などバリエーション豊富な品種構成となっている。

「ササニシキ」は23年産で誕生60周年を迎えるに当たり新たなロゴマークを作り、リニューアル発売。「ササニシキ」はとくに、寿司・割烹など和食料理人に支持されている。栽培が難しく高度な技術を必要とする欠点はあるが、逆にこれを強みとしてブランドを再構築する考えだ。

## 山形県　「スマートつや姫」で品質と食味を向上

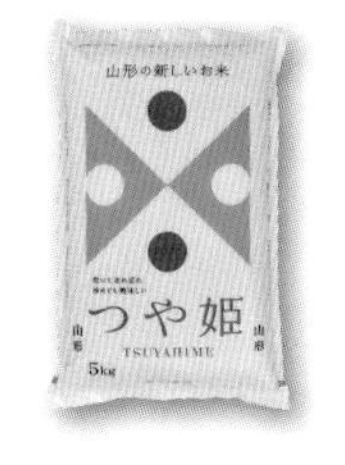


山形県では、トップブランドの「つや姫」とその弟分と位置づける「雪若丸」の２銘柄を中心に、関係団体が一体となった「ブランド化戦略本部」で生産から販売、コミュニケーション活動まで取り組んでいる。

「つや姫」では先端技術を導入し、人工衛星データを活用した生育診断技術の広域実証と普及推進を図る。スマート農業の取組みを実践する産地を支援する事業「スマートつや姫」の実現で、品質・食味向上を目指す。「雪若丸」では、３Ｓ（質・食味・収量）安定化ミッションを展開。

SDGsにつながる食育活動としては、田植えや稲刈りが体験できる産地ツアーを小学生親子対象に実施。全農山形県本部では、コメの消費拡大や食育に取り組む存在として2014年度に「稲作戦隊おこめんジャー」を結成し、ごはんや朝食を食べることの大切さを伝えている。

## 福島県　プレミアム米「福、笑い」デビュー

福島県の新たなブランド米「福、笑い」が2022年10月にデビューした。日本屈指の米どころの同県がさらなる高みを目指し、14年の歳月をかけて開発したコメだ。

「福、笑い」は、同県産米の中でも価格的に最上位に位置づけられるプレミアム米で、「香りが立ち、強い甘みを持ちながら、ふんわり軟らかく炊き上がる」個性的な食味・食感が持ち味となっている。

パッケージデザインは、日本を代表するイラストレーター寄藤文平氏が手掛け、「コメに支えられ、コメとともに育まれてきた世界を伝える」をコンセプトとし、今までの米袋にはなかった温かさを訴求した外観となっている。

## 石川県　主力の「コシヒカリ」のほか県独自品種を栽培

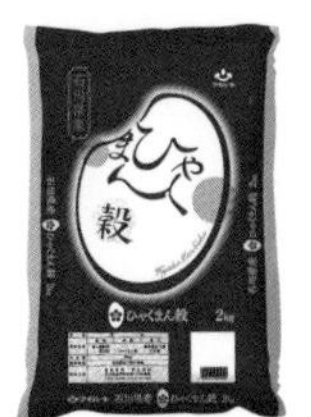


石川県ではオリジナル品種「ひゃくまん穀」をはじめ、「コシヒカリ」「ゆめみずほ」が3大銘柄となっている。

「ひゃくまん穀」は、おいしさと作りやすさを目指し、9年の歳月をかけて誕生。特徴は、コシヒカリの約1.2倍という粒の大きさにある。しっかりとした噛み応えで、時間が経過しても硬さや粘りの変化が少なく、冷めてももっちりしたおいしさが保たれる。おにぎりや弁当の原料米として業務用ユーザーにも人気がある。

命名由来は「加賀百万石」の伝統・文化・誇りが感じられ、わかりやすく親しみやすいこと。大粒のコメの中に加賀百万石を象徴する「梅鉢紋」をシンプルにデザインし、赤を基調にした米袋と相まって売場で目立つ存在となっている。

コメの消費拡大に向けた取組み

# コメ・パックご飯・米粉輸出倍増を計画

## 不作の加州米代替も

日本米の海外輸出が活発化している。背景には円安進行による内外価格差の縮小、コロナ規制緩和による経済活動の本格化、海外渡航再開による直接商談、寿司や和食用として欧米中心に普及するカリフォルニア産米不作の代替需要などがある。コメやパックご飯、米粉（製品も含む）輸出量は2022年、前年比27％増の2万9,868 tに達し、市場定着に向けたまたとないチャンスを迎えた（図表1）。

図表1　コメ・パックご飯・米粉および米粉製品の輸出実績

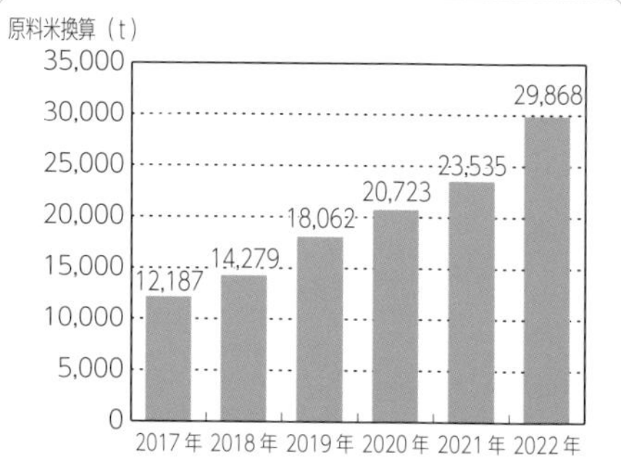


資料：財務省「貿易統計」（政府による食糧援助を除く）
注1：数量1 t未満、金額20万円未満は計上されていない。米粉は2019年より、米粉麺等は2020年より貿易統計にて輸出実績を集計・公表。
注2：米粉および米粉製品のうち米粉製品の原料米換算は米粉100％として推計。

農林水産省は22年12月5日、改正輸出促進法に基づき全日本コメ・コメ関連食品輸出促進協議会を品目団体（農林水産物・食品輸出団体）に認定。これを機に同団体は25年目標として、コメ・パックご飯・米粉と米粉製品の輸出額を21年実績(66億円)の倍増の125億円と掲げた。

課題はある。輸出国・地域は自由貿易の香港とシンガポールが１、２位を占め、限られたマーケットで価格競争が激化しており、「国内市場と同じ」と嘆く声が業界から聞かれる。農家も輸出用米が助成されるものの、「そろそろ魅力がなくなってきた」とし、輸入飼料価格が高騰するなか、飼料米への生産移行が顕著となる懸念もある。期待のパックご飯も、最大市場の香港で韓国産との価格競争が激化し、「品質優位性が打ち出せない」と苦悩。一方、拡大する国内需要への商品供給に追われ、海外市場の伸びしろに対応できない企業も多い。

玄米や雑穀入りなど、現地の健康志向に応えた商品や、カルフォルニア米の代替需要など、新たなビジネスチャンスは生まれている。

## コメ卸動向

最大手コメ卸・神明は、業界最多の輸出量を誇る。22年は円安やコロナ規制の緩和などを追い風に、香港や米国、中国の現地拠点を活用し積極的な営業活動を展開。輸出量は7,000 tを超えた。もっとも多い香港向けでは業務用中心だが、家庭用もコロナ禍の巣ごもり需要で、日系企業から現地スーパーへと徐々に販路が広がってきた。

木徳神糧は、タイや中国、ベトナムに現地拠点を設置し、輸出と、タイ産ジャスミンライスに代表される外国産米の国内販売、海外で生産したコメの第三国販売の３本柱で展開している。22年輸出量は、シンガポールや香港、台湾、米国などの業務用中心に約2,500 tとなった。

千田みずほは、グループで炊飯事業を展開することを強みに、シンガポールや中国などに向けて約1,000 tを輸出。15年、生産者らと共同出資で６次化事業体・ライスフロンティアを設立した。輸出で日本産米をおいしく食べてもらうことを目指し翌16年、炊飯や精米を担う現地法人「ライスフロンティアシンガポール」を設立し、製造ラインを整えた。

## 政府による輸出支援

政府は2020年「米粉及び米粉製品」を輸出重点品目に設定した。海外の市場動向や輸出環境等を踏まえ、輸出拡大を重点的に目指す主なターゲット国・地域ごとの輸出目標を設定し、現地での販売を伸ばすための課題とその克服のための取組みを明確化している（図表２）。

2022年12月現在の輸出産地数は30産地ある。今後、国際競争力のあるコメの生産と農家手取り収入の確保の両立を図ることで、大ロットで輸出用米を生産・供給する国内産地を育成すべきとしている。また、輸出事業者と産地が連携して取り組む多収米の導入や、作期分散等の生産・流通コスト低減の取組みを支援し、輸出用米の生産拡大（主食用米からの作付転換）を推進する。

加工・流通施設の整備についてはパックご飯メーカーや米粉・米粉製品メーカーが輸出に取り組んでいるが、輸出先国の規制等への対応が必要になるケースがある。このことから、当該規制等対応のための取組みや輸出向け生産に必要な機械・設備の導入等を支援する。

現在、（一社）全日本コメ・コメ関連食品輸出促進協議会（全米輸）が品目別のプロモーションを実施しており、プロモーションの財源には、国庫補助金のほか会費収入も一部活用している。全米輸は、品目団体として輸出事業者の進出が不十分な国・地域あるいは分野となる新興市場（UAE・北欧やアメリカのEC市場等を想定）でのプロモーション等を通じた市場開拓を行っている。実施に際してはJETRO（ジェトロ：日本貿易振興機構）やJFOODO（日本食品海外プロモーションセンター）とも連携する。

図表２　主なターゲット国・地域ごとの2025年輸出目標

| 国　名 | 2019年 | 2025年 | 国別のニーズへの対応 |
|---|---|---|---|
| 合計 | 52億円 | 125億円 | |
| 香　港 | 15億円 | 36億円 | 大手米卸や輸出事業者が中食・外食を中心に需要を開拓。今後もレストランチェーンやおにぎり店等をメインターゲットとする。 |
| アメリカ | 7億円 | 30億円 | 大手米卸や輸出事業者が日系小売店需要を開拓。今後は日本食レストラン等やEC等に広げる。パックご飯や米粉の最大の輸出先国。 |
| 中　国 | 4億円 | 19億円 | 大手米卸等がECやギフトボックス等の贈答用を中心に需要を伸ばす。コスト縮減のためには指定精米工場等の活用に加えて工場等の追加や輸入規制の緩和が不可欠。 |
| シンガポール | 8億円 | 16億円 | 輸出事業者やJA系統等が中食・外食を中心に需要を開拓。さらにレストランチェーンやおにぎり店等をメインターゲットとする。 |
| その他 | 18億円 | 22億円 | ・UAEや欧州等のコメを主食としない地域では、寿司等の日本食需要拡大に合わせて日本産米の需要開拓を図る。<br>・EUを中心に拡大するグルテンフリー需要の取り込みを通じた米粉・米粉製品の需要開拓を図る。 |

資料：農林水産省輸出・国際局輸出企画課

コメの消費拡大に向けた取組み

# 世界のコメ生産と今後のゆくえ

九州大学　名誉教授　伊東正一



## 1　遅い世界のコメ増産：他穀物と比較して

世界におけるコメの生産量は、1960年の1億5千万tから2022年には5億t余（精米換算）へと、この半世紀余りに3倍強の生産拡大を成し遂げている。その間の人口増は30億人から80億人なので、コメは人口増加率を上回る増加になっている。しかし、これを他の穀類と比較してみ

図表1　世界の穀物生産量の推移

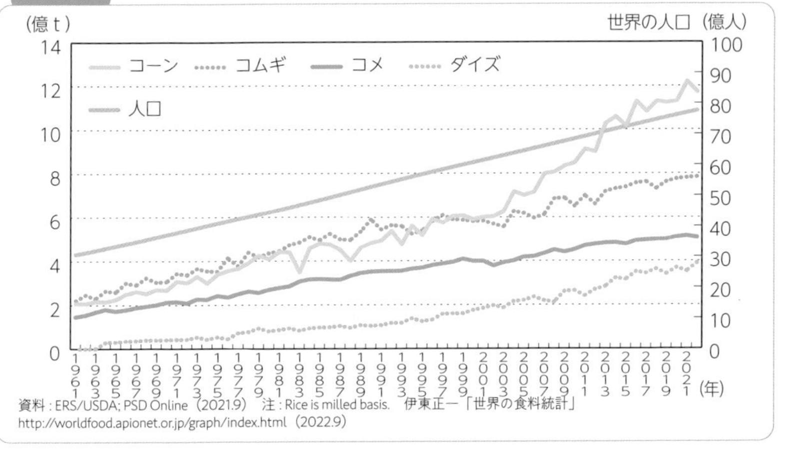


資料：ERS/USDA; PSD Online（2021.9）　注：Rice is milled basis.　伊東正一「世界の食料統計」
http://worldfood.apionet.or.jp/graph/index.html（2022.9）

ると、トウモロコシ（コーン）は2億tから12億tへと6倍に、コムギは2.3億tから7.8億tへと3.4倍に、さらに、ダイズは0.3億tから3.9億tへと13倍に拡大している（図表1）。

コメとコムギは主に人が直接消費する食用であるが、コーンとダイズはエサ用や加工用で人が直接消費する量は限られている。とくに、2000年代の原油の価格高騰を機にコーンはエタノールの生産に、ダイズはディーゼルの生産へと向けられて需要が高まり、図表1にみるように00年代からの生産量が急激に伸びている。

なお、コムギの生産量は製粉前の玄麦の状態であり、これを製粉とすると約25%減少する。また、飼料用でもコメより多いので、主食としてはコメが最大の穀物とされている。

コメも加工用や飼料用が拡大すれば需要は拡大するが、日本、台湾、韓国などアジア地域で、主食でありながらも経済成長とともに一人当たりのコメ消費が減少している国々も少なくない。とくに、同3カ国はこの半世紀の間に一人当たりのコメ消費量が半減している。

一方で、中国やインド、タイ、ベトナムなどの国々では高い経済成長がみられるものの一人当たりのコメ消費が減少していないのは、食生活に先の3国ほど変化がみられないことがあげられる。もし、コメ消費大国である中国やインドでコメ消費が大幅に減少すれば、コメの国際価格は暴落の一途をたどることになろう。次項でコメの国際価格の動きを他の穀物と比較しながら鳥瞰（ちょうかん）してみたい。

## 2　国際コメ価格の現状

### ⑴ インディカ米の国際価格

コメの国際相場としては、タイの首都バンコクのインディカ米（長粒種・精米）の価格が一般に参照される。タイは長年にわたり最大のコメ輸出国であったため、代表的な国際コメ取引価格として引用されている。本稿ではそのなかの砕米（Broken）5%の価格を取り上げる。

穀類の国際価格を1t当たりでみると、近年までコメがもっとも高いレベルで推移していた（図表2）。その価格レベルはおしなべてコメ、ダイズ、

図表2　世界における穀物価格

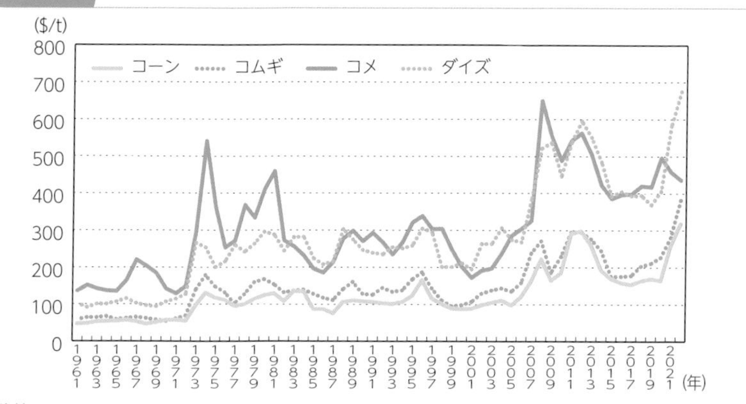


資料：World Bank: http://www.worldbank.org/en/research/commodity-markets
注　：名目価格。各年の価格は月データを単純平均した。なお、最新年の価格はこれまでの月価格の平均である。
コ　メ：Thailand 5% broken,white rice(WR),milled,indicative price based on weekly surveys of export transactions,governmentstandard,f.o.b.Bangkok.
コムギ：U.S.No.1,hard red winter,ordinary protein,export price delivered at the US Gulf port for prompt or 30days shipment.
コーン：U.S.feed,No.2,20 days To-Arrive,delivered Minneapolis.
ダイズ：U.S.No.2 yellow meal,CIF Rotterdam.

コムギ、コーンの順であり、コメはコーンの価格とは3倍くらいのレベルに位置していた。

ところが、2006年からの原油価格の高騰を機に状況が徐々に変化している。前述のように燃料にも加工できるコーンやダイズは需要が高まり、国際価格も原油価格とともに変化する構造となった。そうして、燃料用にほとんど使われないコムギやコメも穀物全体の需給状況から同時に変化するようになった。つまり、原油価格が高騰すると穀類やダイズも一緒に値上がりする構造である。

そうしたなか、コメは生産主要国がアジアに集中し、流通や輸出のインフラが整っていないこともあり、コメが輸出規制の対象になることも多かった。とくに、アグフレーション（農産物価格高騰）といわれた08年前後は投機的に値上がりする状態で、その後も原油価格が落ち着く14年ころまで続いた。

その後はコメやダイズを含む穀類の国際価格は落ち着いていたが、21年2月のロシアによるウクライナ侵攻により、ウクライナ産コムギの輸出が阻止される状況が発生し、国際コムギ価格が上昇すると同時にコーンも上昇。さらに、原油価格（WTI）が 22 年 2 月から 1 バレル 100 ドルを上回るほどに上昇し、穀物価格にも拍車がかかった。ただ、今回コメは輸出規制なども少なく、高値となっていた 20 年の価格からみると値下がり傾向を示している。その間にダイズ価格は急上昇し、22 年の平均価格はコメをはるかに上回る 675 ドル／ t にまでに上昇し、コメは 437 ドルにとどまった（World Bank,2023）。

以上がインディカ米価格の状況だが、日本や韓国などで消費されているジャポニカ米の国際価格はインディカ米のそれとは異なる。次はジャポニカ米についてみたい。

### ⑵ ジャポニカ米の国際価格

ジャポニカ米の生産量は世界では中国がもっとも多いが、輸出においては米国のカリフォルニア州が安定し、量としては 100 万 t ちかくで、ジャポニカ米最大の輸出地として世界で認識されてきた。また、その取引価格を公表してきたので信頼性も高く、国際価格の指標とされている。

カリフォルニア州（加州）の稲作地帯は州都であるサクラメントから北部に広がっているが、この地域の稲作の 9 割がジャポニカ米である。ところが、加州は雨量が少ない半乾燥地帯であり、そこをとりまく山に降り積もった冬の積雪を利用した灌漑（かんがい）で農業が営まれている。現地の水田稲作もその例に漏れない。よって、冬の積雪いかんにより、水の供給が変化し、水不足が 3 年に 1 度は発生するといわれている。そのたびに生産面積が減少し、生産量の減少とともにジャポニカ米価格が上昇し変動する。22 年産はこの半世紀でもっとも水不足が深刻で、コメの生産面積は例年の半分の 10 万 2 千 ha という状況であった。この水不足は同年初頭から予測されていたため、ジャポニカ米の価格は当初から上昇傾向となり、23 年 1 月には精米 1 t 当たり 1,650 ドルまで上昇した（図表 3）。これは生産が順調であった 19 年および 20 年産の価格のほぼ 2 倍に上昇したことになる。このジャポニカ米の価格の変動の大きさは同じく米国の南部（アーカンソー州やテキサス州）で生産されているインディカ米の価格変動と比べ、その違いは一目瞭然である（図表 3)。

図表3　アメリカにおける精米価格の動き

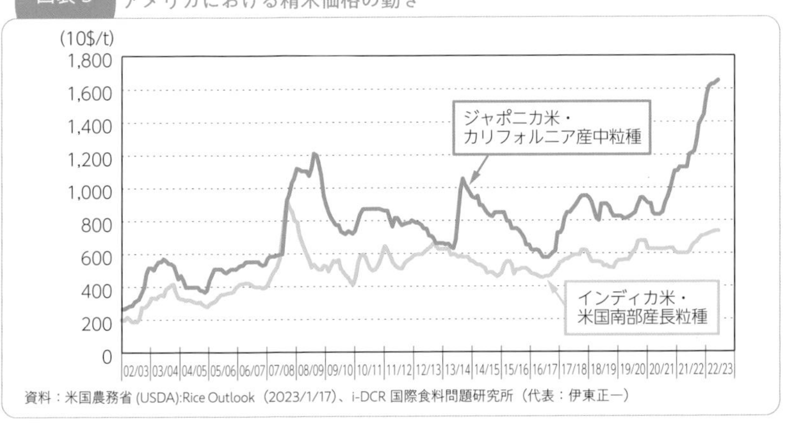


資料：米国農務省 (USDA):Rice Outlook（2023/1/17）、i-DCR 国際食料問題研究所（代表：伊東正一）

こうしたひっ迫した状況を受けて、新米が出回り始める22年12月初めにニューヨーク近郊のスーパーでは加州産のジャポニカ米が高級米として精米15ポンド（6.8kg）が57.99ドル（当時の1ドル140円として8,119円、5,970円/5kg）で販売されており、消費者も驚いていた（写真1）。その横で、日本からの輸入米、岩手県産「ひとめぼれ」が44.99ドル/5kg（同6,299円）で販売されていた。こうした加州産米の価格高騰は日本のコメ輸出において有利になっている。

写真1　NY近郊の日系スーパー

加州産の新米を6.8kg 57.99ドルの高値で販売する横で、秋田県産米が5kg 44.9ドルで販売（2022年12月）。

## 3　コメ貿易の変化

### コメ輸出国タイの陥落とインドの急浮上

世界のコメの貿易量は1960年代の1,000万t弱のレベルから大きく拡大し、2020年代には5千万tに達している（図表4）。とくに、1990年代以降は世界のトップであったタイをはじめ、ベトナムやインドが輸出を拡大しコメの貿易量を押し上げた。近年の貿易量5千万tは生産量5億t

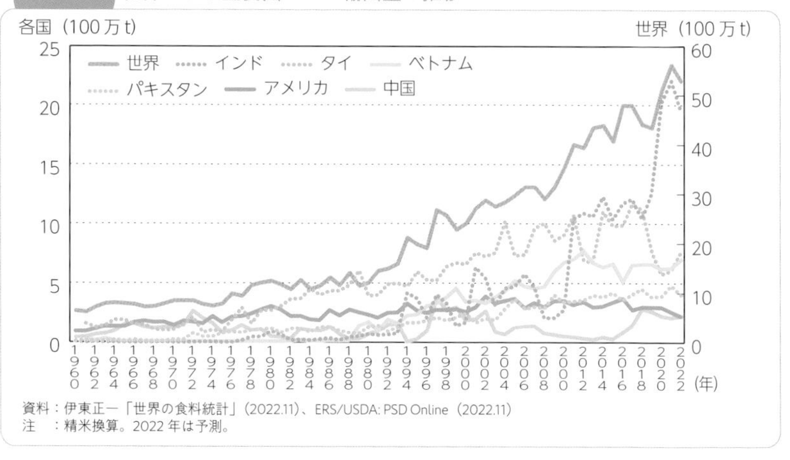


図表4 世界および主要国のコメ輸出量の推移

資料：伊東正一「世界の食料統計」（2022.11）、ERS/USDA: PSD Online（2022.11）
注　：精米換算。2022年は予測。

に対し約10%となる。1960年代は５%前後であったことと比較すると、大きな増加である。ちなみに、他の穀物の貿易率はコムギが約25%、トウモロコシが約15%、ダイズが45%となっている。

コメの貿易では、タイが1980年代からは安定してトップの座を維持してきた（図表４）。しかし、2010年代に政策の転換（政策の失敗）から輸出量が減少した。そこに登場したのがインドである。インドは07年前後の世界穀物価格高騰時に輸出規制を行い、コメの輸出は200万ｔに激減していた。輸出規制を取り払った後は方針を変更し、11年には一気に１千万ｔを超える輸出国となり、世界を驚かせた。これはそれまでの輸出規制で増大していた在庫量を吐き出したものであるが、その後もインドは国内の生産を拡大し輸出量を維持した。20年には2,000万ｔをわずかながら超える、一国の輸出量としては前代未聞の輸出量を実現した。このように生産の大国は、貿易においては大きく変化する可能性を常に秘めている。インドは消費量を上回る生産拡大を続けており、今後もこの傾向をたどれば、輸出向けのコメはさらに拡大することになる。インドのコメ輸出国ナンバーワンの座は今後も継続するとみられる。

コメ生産消費大国であり、かつ現在８千万ｔ余の膨大な在庫量を抱える中国の近年のコメ輸出量は依然として200万tレベルだが、いつコメ貿易大国になっても不思議ではない。コメ大国の状況変化は他国に与えるインパクトが大きいだけに、動向には注目が必要だ。

## 4　コメ需要の将来とその方向性

### ヴィーガン食・植物由来食の到来と玄米

動物愛護を背景にイギリスで始まった強いベジタリアン、いわゆるヴィーガン（Vegan）に関して、近年では、アメリカの栄養学者、T. C. Campbellらが医者なども含めて、植物由来全体食（Whole Foods Plant-Based, WFPB）を健康改善や生活習慣病に対する主要な治療手段として用い、肉類や酪農製品などの消費を避けることを主張（Campbell, 2013）。こうした動きが欧米で急激に拡大しつつある。

WFPBでは、コメの消費はWhole grain、つまり全体食の「玄米」であることとしており、精米は否定している（図表5）。健康面においては、アメリカでは政府が米国民の半分近く（42%）が肥満だとして、これを病気できわめて深刻としている（USCDC,2021）。これと関連して心臓病関連で死亡する人が毎年70万人に達しているとして、食生活の改善、とくに、肉類や酪農製品を控えることを推奨している。WFPBは健康食のあるべき姿として多くの医者からも注目され脚光を浴びている。

こうしたことから、ヴィー

図表5　ヴィーガン食と植物由来全体食（WFPB食）の摂食内容と違い

○：食べる　×：食べない

| 項　目 | ヴィーガン食 | WFPB食 |
|---|---|---|
| 肉類（鶏肉を含む） | × | × |
| 酪農製品・卵類 | × | × |
| 蜂蜜・昆虫類 | × | × |
| 精製食品※1 | ○ | × |
| 植物油 | ○ | × |
| 植物肉 | ○ | × |
| 植物ミルク | ○ | ○※3 |
| 全粒穀類※2 | ○ | ○ |
| 野菜及び果物類 | ○ | ○ |
| 豆類、根菜類 | ○ | ○ |
| きのこ類 | ○ | ○ |
| ナッツ（木の実）類 | ○ | ○ |
| タネ類 | ○ | ○ |
| 魚介類 | × | × |
| 海藻類 | ○ | ○ |

資料：伊東(2020)、The Happy Pear(2020)など各データから筆者作成
注　：WFPB食の×にはAvoid(避ける、最小限にとどめる)ということを含む、特に動物由来の調味料など。
※1 砂糖、製粉、白米など　※2 玄米、玄麦など
※3 無調整のミルクのみ

ガン食やWFPBは世界的に高まりつつあり、コメにおいても精米から脱却あるいは否定という変化の兆しがある。これらの動きは、穀類は精白したものではなく、殻から取り出したものをそのまま食べる、コメでいえば玄米を食べる、あるいは玄米全体を加工したものを食するということによる。コムギも同様である。

このように欧米諸国の人々が今、健康を求めて食を見直し、世界のレストラン業界がそれに合わせた変化を推し進めているが、日本食でもその必要はないのか。ヴィーガン食はWFPBとともに、健康志向や動物愛護・環境保全の観点から世界的なブームになりつつある(伊東、2020)。ヴィーガン食の世界的な広まりは、欧米諸国においてマクドナルドのようなファストフード店にも、肉類を含まない植物由来のハンバーガーを提供するというインパクトを及ぼしている。「Vegan」と書いた広告が繁華街のいたるところに出ており、ヴィーガンのレストランを見つけるのも簡単である。農業においても米国ではミルクの消費が減少し、豆乳やアーモンドミルクなどナッツ類のミルクの消費が急増している。このため、酪農家が倒産したり、ナッツの生産に切り替えるところが出ており、ヴィーガンの流れは止めようのない大きなうねりとなりつつあるようだ。

国連の発表でも現代では肥満人口が飢餓人口より多いとするほど、全世界で非健康的な体質になりつつある(United Nations,2019)。日本でも生活習慣病や薬漬けの実態は例外ではない。ガンや心臓病による死亡者も増加の一途である(厚生労働省, 2019; Yahoo Japan, 2019)。このような状況から一刻も早く抜け出したいという気持ちは一般国民にも強く意識されているであろう。よって、ヴィーガン食やWFPBのブームは日本にも意外に早く訪れるのかもしれない。日本でもすでに2,300を超えるヴィーガン店が存在するという報道もある。

心臓病などの重篤な病気を食事の改善で治療する方法は日本でも古くから行われていた。沼田(1978)は、明治時代に医者として食事によって治療した石塚左玄の治療法を紹介し、自らも食事でもって治療した状況を伝えている。精米を否定し、あくまで玄米を食することを基本にしながら、「一物全体食」を強調している。さらに古く平安時代には、僧侶の食事として肉や魚などの生き物を使わない「精進料理」が現れている。

このような伝統的な日本食文化があればこそ、日本食にとってヴィーガン食やWFPBに合わせた食材を使うことは決して困難なことではないはずだ。精進料理は、現代ではお寺などで提供されることが多いが、筆者が半世紀ほど前に初めてこれを頂いたときには、植物由来のものだけでこれほどにおいしい豪華な食になるのか、と感動した。ヴィーガン食やWFPBに沿ってそのような料理ができれば、それはむしろ日本のお家芸であり、より多くの人々から日本食は喜ばれることであろう。さらに、各国におけるヴィーガン食は洋食風でフォークとナイフを使った食べ方が一般的である。箸にすれば、それはまさに植物由来である。

こうした流れのなかで、コメといえば精米だけをイメージする時代はもう過去のものとなるのかもしれない。健康を求めて玄米を食する状況がさらに拡大するときに備え、コメの評価をする技術においても玄米を焦点に当てたものを開発する必要があろう。

本稿の数値データは生産量等に関してはUSDAのPSD Online（October 2022）から、価格に関してはUSDA：Rice Outlook（January 2023）及びWorld Bank（2023）：World Bank Commodity Price Dataからそれぞれ引用した。

〔引用文献〕

Campbell, T. Colin（2013）：Whole：Rethinking the Science of Nutrition, BenBella Books, Dallas.

Esselstyn, Caldwell B.（2007）：Prevent and Reverse Heart Disease：The Revolutionary, Scientifically Proven,Nutrition-Based Cure,Avery, New York.

KFF（2019）：More Than 820M People Worldwide Hungry, Obesity Rates Rising, U.N.State Of Food Security And Nutrition Report Says（Accessed on January 31,2023）

United Nations（2022）：UN News：Over one billion obese people globally, health crisis must be reversed–WHO.

US Department of Agriculture（USDA,2022）：PSD Online.（Accessed on January 31,2023）

US Department of Agriculture（USDA,January 2023）：Rice Outlook,（Accessed on January31,2023）

World Bank（2023）：World Bank Commodity Price Data.

Yahoo Japan ニュース（2019/12/16）主な死因別の死亡率の変化をさぐる（2019年公開版）、厚生労働省「人口動態統計」（2018）

伊東正一・松江勇次 共編著（2020）『世界におけるジャポニカ米の流通、食味及び展望』（pp.302-315）（養賢堂）

伊東正一（2023）：一緒に世界をみませんか（世界の食料統計、他）i-DCR国際食料問題研究所 http://worldfood.apoionet.or.jp（2023年1月31日閲覧）

厚生労働省（2021）「人口動態統計（2020）」

沼田 勇（1978）『病は食から：「食養」日常食と治療食』農山漁村文化協会

# 外国産のブランド米

外国産のブランド米が、メニューや用途を訴求しながら日本市場でも一定のポジションを占めている。タイ産「ジャスミンライス」や米国カリフォルニア産「カルローズ」、インド産「バスマティライス」などがあり、外食産業が主なユーザーだが、コロナ禍で各国のメニューを家で楽しむシーンの広がりから、輸入食品店や高級スーパーで販売される家庭用小袋商品にもファン層が形成されている。こうしたコメは日本米とはまったく異なる軽い食感や味わいが特徴で、日本人がコメに対する新たな発想に触れられる貴重な存在ともいえる。

**ジャスミンライス**

香り米のジャスミンライスは、甘い香りとほのかな甘みが特徴で、有力コメ卸・木徳神糧が、SBS制度が始まった1996年に輸入を開始。当時はタイ米に対するイメージが悪く、まったく売れなかった。だが、タイレストランに向けて地道な営業活動を続けるとともに、東京や大阪、名古屋で開催されるタイフェスティバルへの出展を重ねることで消費者にも認知が広がっていった。

背景にはパクチーブームや、グリーンカレーやガパオなど本格的なタイメニューの流行に加え、タイへ旅行に行って現地で食べた人や在留タイ人の増加があり、近年ではインバウンド需要も後押ししている。レストランでの消費が多いだけにコロナ禍では逆風だったが、フードコートやテイクアウト、キッチンカーなど、新たな販売チャネルも広がっている。

長粒種のタイの高級米「ジャスミンライス」

**カルローズ**

アメリカカリフォルニア州は、ジャポニカ米の短粒種やジャポニカとインディカ米の中間に位置する中粒種米の産地で、欧米諸国の日本食ブームを支えている。日本市場では、USAライス連合会が中粒種「カルローズ」の普及に尽力している。

欧米でのコメは、野菜感覚で湯がいてサラダとしての食べ方が普及していることから、フレンチやイタリアンシェフを起用したライスサラダのメニューを提案。また、湯がくことで炊飯よりもカロリーや糖質を抑える点や、炊飯より簡便調理が可能などのメリットを、ダイエット実践者やアスリートなどをターゲットに訴求している。

カリフォルニア州で主に栽培される中粒種「カルローズ」

コメと加工

# コメ加工の歴史

メディカルライス協会　理事長　渡邊　昌

## 精白米

コメは稲の胚を守るために籾殻に覆われている。籾殻をはがすと玄米になるが、玄米には発芽力がある。玄米の表面ははっ水性の薄いワックス層で覆われている。このロウ層があると普通の炊飯では湯が浸透しないのでふっくらとせず、硬くて消化されにくい飯になる。それが玄米の不人気になる原因であった。古代人が杵と臼で仕上げた「精米」にはロウ層が覆ったままの玄米はほとんどなく、大半は3分搗き程度で、1分搗きから9分搗きまで連続した分搗き米だったと思われる。最近は白米と精米は同意語的に使われるが、小学館の大辞泉では「精米は玄米をついて外皮をとりのぞき白くすること」「白米とは玄米をついて糠や胚芽を取り除いたコメ」として区別している。

明治時代に大流行した病「江戸患い」の原因は、白米食によるビタミン$B_1$の欠乏症と解明されたが、背景は十分考究されていない。元禄時代に水車によって白米が出回り、その後は時代とともに精白度が高まった。雑賀慶二[1]は、これまでの白米と当時の白米は何が違うのか疑問に思い、「混砂精米法」が原因と考えた。短時間で純白のコメを得るために「磨き砂」を混ぜて搗く方法で、それまでの「無砂精米機」で搗いた白米を10分搗きとすると、デンプンのみの胚乳、いわば11分搗きの過精白米になったのである。当然、ビタミンやミネラルは少なくなり、デンプンのみのコメで味も良くなくなった。

昭和30年代には「磨き砂」の代わりに「噴風」や「遠心力」を利用してコメを搗く方法が普及した。これは、コメがある程度精白されると、コメ粒の表面にぬか粉が付着するが、それを「噴風」か「遠心力」によって吹き飛ばして除去しながら搗く方法で、白く、しかもぬか粉の付着していない綺麗な11分搗きの白米に仕上がり、外観的に商品価値が一挙に向上したのである。

その後「噴風」や「遠心力」を用いない研磨機にかけた「研磨米」が作られた。「研磨米」とは、すでに「噴風除糠式」によって仕上げられた白米を、少し加水してコメ粒の表面が軟弱化させて「研磨機」にかけて摺り合わすことで、さらにコメ粒の表面を純白にしたものである。それに対して、雑賀慶二は肌ぬかを相互の粘着力でとり除く精米機を発明、本来の無洗米として「BG無洗米」の名称で市販化した。現代は加工度の高い噴風精米方式によるコメが主に流通していて、栄養学的には明治時代の「混砂精米法」に近いコメが一般的になっている。

最近は健康ブームにのって玄米の消費も増えているが、玄米は栽培条件によって品質の差が大きい。表面の蒸気処理や超高圧処理、ワックス層の除去などいくつかの前処理によって炊飯しやすくした玄米が製造されている。一方、電気釜や加圧鍋など、調理器具の改善によって炊飯を容易にしたものも出回っている[2)]。

## 包装米飯（パック飯）

保存を兼ねたコメとして、1972年に冷凍米飯、73年にレトルト赤飯、75年にレトルト白飯が開発され、その他にも昔からの缶詰米飯やチルド米飯など、主食であるごはんも70年代には簡便保存食としてのマーケットができ始めていた。その後、電子レンジ食品ブームが起き、ケーキやパスタなどに続き電子レンジ仕様のレトルト米飯が発売された。

無菌包装米飯としては1988年4月、新潟県の佐藤食品工業（現サトウ食品）が「白飯:サトウのごはん」（コシヒカリ100%、レンジで2分）を発売、94年には、同社は個釜炊飯に加え、脱酸素機能をもった容器の使用による製法を開発した。同じく新潟県の越後製菓は2000年に超高圧処理+高温炊飯による製法を開発導入し、無菌包装米飯市場に再参入した。

白米ではブランド化をねらった製品が増えている。1パック100～200円といった手軽さが受けて市場は拡大。白米のみならず玄米のパック飯も販売されるようになった。日本の無菌包装米飯技術は、今や世界中の人々に簡便な米飯製品を届け、世界中で「チンのご飯」が食べられているのである。

無菌化するには、pH4.8以下であれば毒素は産生しない。食味については、pH調整剤としてグルコン酸を使用すれば、ほとんど酸味を感じることもない。逆にこの処理のおかげか、米飯の白度が増し美味しそうに見えることも判明した。その後、難しかったpH調整の安定化技術が開発され、無事に製品化された。現在上市されているpH調整されたタイプの無菌包装米飯では、ほとんどの場合グルコン酸が使用されている。

## 米粉の利用

米粉はコメを製粉したもので、だんご、もち、せんべい、米粉めん、米粉パンなどの原料となる[3]。近年では、グルテンフリー食品やセリアック病の認知度が高まり、小麦から米粉食品が見直されている。最近は、ロシアのウクライナ侵攻やポストコロナによる流通網の乱れとともに小麦粉が値上がりしていることもあり、米粉の利用が増えるという予測もある。

コメの需要拡大に関し、2009年に成立施行された「米穀の新用途への利用の促進に関する法律」（米粉・エサ米法）と、コメ需要や食料自給率の伸び悩み、事故米不正転売事件（08年）などを背景に作られた「米穀等の取引等に係る情報の記録及び産地情報の伝達に関する法律」（米トレーサビリティ法）、改正食糧法をまとめて「米関連3法案」と呼んでいる。米粉・エサ米法については、米粉用や飼料用といった用途への利用を促進し、重要な食料生産基盤である水田を最大限に活用して、食料の安定供給を確保することを目的として制定された。生産農家と食品工業との連携、加工適性を高める新品種育成に対し、食糧法や種苗法などの特例を定めて支援を図っている。

〔引用文献〕
1) 雑賀慶二「コメの加工と人の健康」医と食10（2）102-109、（3）142-145、（4）204-207、（5）259-262、（6）318-321（2018）、10（1）35-39（2019）
2) 渡邉昌監修『玄米のエビデンス』キラジェンヌ（2015年）
3) 大坪研一『米粉BOOK』幸書房（2012年）

# 無洗米

コメと加工

## 地球環境に優しい無洗米でSDGs推進

### 無洗米の歴史

無洗米に関する研究は、戦前から農林省食品総合研究所などを中心に続けられていたという。当時は、コメ栄養成分の水洗による損失を避けることが狙いであった。

「無洗米」という言葉について詳しいことは定かではないが、佐竹製作所（現サタケ）の二代目社長・佐竹利彦氏が「近代精米技術に関する研究」のなかで、「無洗米とは研がずに水を加えただけで炊飯できるコメ」と記したことが始まりとされている。それまでは「コメを研ぐ・洗う」意味の「淘」を使って「不淘精米」と呼ばれていた。精米を無洗化処理しようとする研米機は、すでに昭和初期から作られている。これは、皮革や布、刷毛を使用し、白米の表面を研磨してぬかを除去するもので、従来酒造米の淘精工場で洗浄の労力を軽減するために利用されていたという。これが一般精米工場でも利用されるようになり、精米の外観を良くすると同時に、付着ぬかを除去して貯蔵性を高める目的で使用されるようになった。しかし、性能や耐久性に問題があり、普及にはいたらなかった。

この後も研究が続けられ、1975（昭和50）年佐竹製作所から加湿精米機「クリーンライト」が発売された。加湿して研米する湿式研米機で、75年代には大型精米工場を中心に約900台設置されるなど普及した。当時の文献によると、すでに無洗米には乾式と湿式があることや、無洗米化することにより、①炊飯の簡便化、②洗米による排水汚染の低減、③精米の外観の向上、④精米の貯蔵性の向上が実現できることが記されており、現在とほとんど一致している。しかし、当時の技術では、まだ研がずに炊けるところまでは到達していなかったという。

1991年、東洋精米機製作所（現東洋ライス）により、新たな無洗米製造設備として、水洗式とぬかでぬかを除去する「BG製法」が相次いで開発された。同社の雑賀慶二社長は、コメの表面にははちの巣のような小さな孔が多く空いており、そこに粘着性のぬかが詰まっていることを発見。このぬかを除去することで「4～5回洗った（研いだ）コメと同程度に、ほぼ完全にぬかが除去できているコメ」の商品化にいたった。しかし、同社は水洗式製法で特許を取得したものの、汚水処理の問題が解決できなかったため商品化されず、BG無洗米のみ商品化した。

佐竹製作所もこの年、水洗式無洗米「ジフライス（JF）」を発表。さらにバージョンアップさせ1997年に「スーパージフライス（SJR）」を開発し、2000年には、「TWR」を発表した。

## 被災地支援物資として活躍

BG製法やJFなど本格的な無洗米設備が開発されて以来、無洗米は下水道代や人件費でコスト削減に寄与するとして、業務用を中心に普及してきた。さらに、コメの研ぎ汁による環境負荷の少ないコメとして、1997年頃から首都圏の生協が無洗米の本格的な取組みをスタートさせ、家庭用市場にも急速に広がった。とくに、首都圏や関西圏の生協では、コメの全販売数量中、無洗米のシェアが7割を超えるところが少なくない。

うちトップシェアを占めるBG無洗米（日本食糧新聞調べ）は、1995年頃から毎年2倍ずつ生産量が拡大したが、2001年頃からは、コメの消費減や米価下落が原因で、低成長となっていた。ここに東日本大震災が発生し、再度市場が拡大。研ぎ洗い不要の無洗米は、被災地支援物資として、さらには原発事故による水の汚染問題で脚光を浴びたためだ。最近では、SDGsの観点から注目され、直近（21年4月~22年3月）の生産量は、42万2,000 tに上っている。

## 製造方法

無洗米の製造方法は、湿式、乾式、媒体式の３タイプに大別される。

湿式は、サタケの JF、SJR が 95％以上を占めている。使用する水の量がコメ重量の 15％と少量で済む（図表１）。

乾式には、クボタのリフレや山本製作所のカピカなどがあり、ブラシ式のナイフでコメの表面を削って製造する。完全にぬかを除去しにくく、一回軽く洗って精米した方が食味は安定しやすいとされる。

媒体式では、東洋ライスの BG 製法（図表２）と、サタケの「ネオ・ティスティ・ホワイト・プロセス（NTWP）」製法（図表３）がある。東洋ライスでは、精白米の表面にある無数の溝に詰まっている粘着性のあるぬかを「肌ぬか」と称しており、BG 製法では肌ぬかを除去する。NTWP 製法の TWR（ティスティ・ホワイト・ライス）は 2001 年に特許を取得している。

図表２　BG 製法

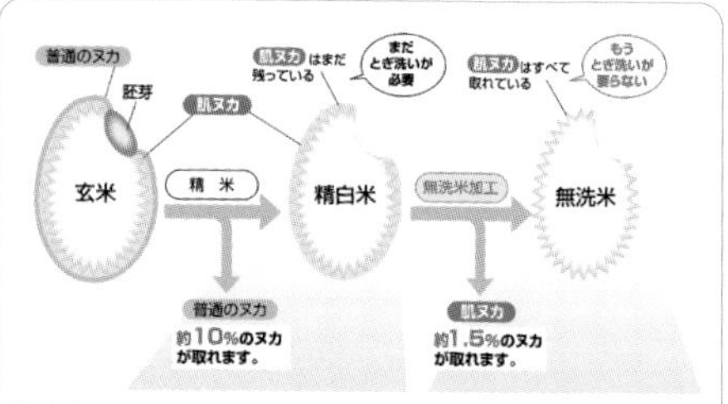


精白米の表面の肌ぬかを、同じ肌ぬかの粘着性を利用して吸着させて取り去る。

図表１　スーパージフライス（SJR）方式

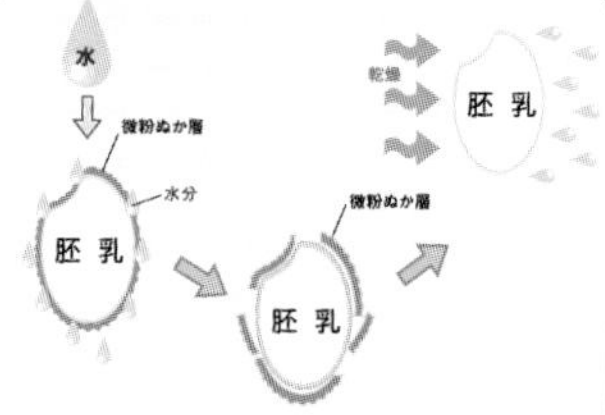

水を加圧することにより表面や溝に残っているぬかを瞬時に洗い落とすと同時に、水が浸透する前に温風で瞬時に乾燥できる。

図表３　ネオ・ティスティ・ホワイト・プロセス（NTWP）方式

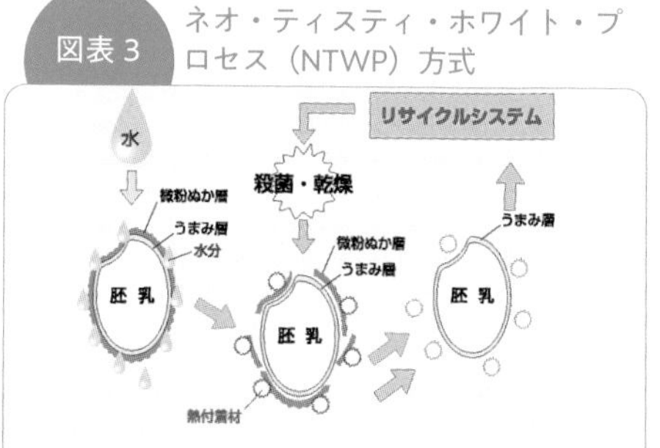


コメを加水処理した後、タピオカを主成分とした熱付着材を利用してぬかを除去する。

## 環境に配慮するコメ

現在、地球環境に優しい無洗米を通じてSDGsを推進する動きが活発化している。東洋ライスはBG無洗米の開発を通じて、洗米に必要な水（コメの10～20倍）や上下水道代・人件費の削減効果などに加え、製造時のエネルギー使用量が少ない点やコメのとぎ汁による水質汚染の防止、副産物の肌ぬか由来の「米の精」による循環型農業の実現など、地球環境保全の側面で普及活動を続けている。

こうした活動が社会的にも評価され「環境大臣賞」を受賞。さらに2018年の「エコファースト企業」認定を機に、米穀業界や流通企業を巻き込み「BG無洗米コンソーシアム」を結成、SDGsのうち9目標に寄与できるコメとしての認知度向上に努めている。

さらに、同社では、次世代無洗米として、健康付加価値を付けた「金芽米」と「金芽ロウカット玄米」を開発。精米工程で、白米部分とぬか層の間にある「亜粉糊層」を残すことで、白米より栄養価と食味を高めた金芽米は、大手持ち帰り弁当チェーンで採用。また、玄米表層部にある「ロウ層」のみを均等に削ることで、玄米の食べにくさや炊飯しづらさ、消化面での難点を解消した「ロウカット玄米」は、人々の健康志向の高まりで玄米人気が高まるなか、急速に需要が拡大している。

一方、サタケは、最新の加工技術を導入した新型無洗米製造装置「MPRP36A」（128ページ参照）を開発し、2022年に発売。同装置は、超微小気泡「UMB水」と洗米・脱水工程を2カ所に設けた「マルチパス方式」を採用し、おいしさの向上のほか、$CO_2$の排出量の70％以上削減や約50％の節水効果、SDGs目標10項目に該当などの環境への貢献、栄養豊富なとぎ汁を養豚業などへ液体飼料として食品リサイクルできるという特徴がある。

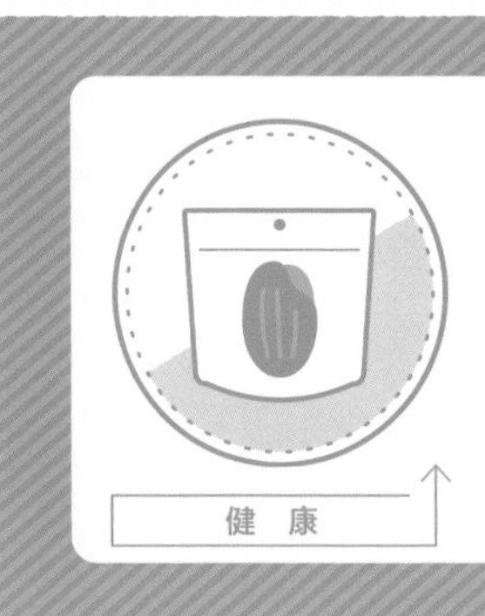


# 加工玄米

コメと加工

## 玄米はじめ健康米は長期的にアップトレンド

コメの消費減とは裏腹に、人々の健康志向の高まりを背景に、精麦や雑穀、玄米類など健康を基軸にした家庭用コメ関連カテゴリーの市場規模（POSデータを基にはくばく推計）は、長期的にアップトレンドにある。2021年度は10年前の11年との比較で倍増、6年前の15年との比較でも約1.5倍まで拡大している。

なかでも、玄米の人気が高い。とくに東洋ライス「金芽ロウカット玄米（ロウカット玄米）」のけん引により、加工玄米が前年比11.3%増と好調で、2000年に誕生し、その後低迷が続いた発芽玄米も、同0.5%増の13億5,200万円と善戦した。

精米工程を経ない玄米は表面にぬか層が残っており、栄養機能性に優れるものの、白米と比べて「食べにくい」「炊飯しにくい」「消化吸収が良くない」などの欠点がある。だが、昨今の玄米人気を支えているのが、発芽玄米を含め、こうした欠点を解消した加工玄米で、多様な商品が発売されている。代表商品「ロウカット玄米」では、玄米の高栄養はほぼそのままで、カロリー・糖質は約30%低減できる。価格設定も1kg当たり600円前後と通常の白米と大差ない上、いつもの白米に混ぜて炊くことができるなど、数々の利点がある。

22年秋、同品と白米タイプの健康米「金芽米」の米粉も発売し、商品の幅の拡大による、相乗効果とともに、健康を切り口とした米粉として、新市場創造が期待されている。

# 玄米商品

## 神　明

### 甘み・軟らかさ高評価

神明の「簡単 おいしい玄米」は、表面を削らないスチームクリーン製法を採用、水加減を通常より少し増やして1時間浸漬するだけで、炊飯器で白米同様に炊飯できる。甘みや軟らかさなどの点で食味評価が高く、同品に含まれる食物繊維（1合当たり）は、レタス1個分（450 g）と同程度で、血圧降下効果などが期待されるGABAも通常の玄米の約2倍に上る。

## 東洋ライス

### 玄米商品首位をキープ

東洋ライスの「金芽ロウカット玄米」は、炊飯器で白米同様の炊飯が可能で、食べやすくて軟らかい。玄米表層部にあるロウ層を、均等に除去して製造。とぎ洗いの必要がない簡便性や、玄米の高栄養はほぼそのままでカロリー・糖質が約30%低減できる点が評価され、18年5月から直近まで、玄米カテゴリーの首位を守り続けている（KSP-POS）。

## ファンケル

### 豊富な機能性成分

ファンケル「発芽米」は、発芽玄米のトップ商品。独自製法で玄米をゆっくり発芽させ、米ぬかに含まれるオリザノールやフェルラ酸など、健康をサポートする機能性成分が豊富だ。発芽することによって甘味も増し、プチプチとした食感になる。発芽米単独でも白米と混ぜて炊飯してもおいしく食べられ、炊き込みご飯や寿司などメニューの汎用性にも優れる。

## 大和産業

### 簡便なパックご飯投入

大和産業は、「ヤマトライス」ブランドで、「白米と同じように炊けるやわらかい玄米」を発売し、コロナ禍の健康志向で人気が高まっている。注目キーワード「免疫力アップ」と、多忙な現代人の「時短」「美味しい」ニーズに応え23年春、パックご飯の「やわらかい玄米ごはん（ゆめぴりか）」を投入。原料米に北海道産「ゆめぴりか」を使用した、もちもち食感も特徴だ。

## ミツハシ

### 玄米食に踏み切れない人へ

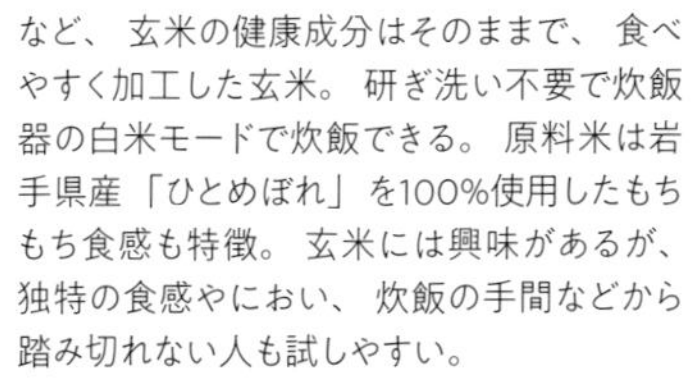

ミツハシライスの「美食玄米」は、食物繊維やビタミン$B_1$、ビタミンEなど、玄米の健康成分はそのままで、食べやすく加工した玄米。研ぎ洗い不要で炊飯器の白米モードで炊飯できる。原料米は岩手県産「ひとめぼれ」を100%使用したもちもち食感も特徴。玄米には興味があるが、独特の食感やにおい、炊飯の手間などから踏み切れない人も試しやすい。

## 大潟村あきたこまち生産者協会

### 使い切りタイプの機能性表示食品

大潟村あきたこまち生産者協会では、ニーズの高い玄米食のパックご飯、「玄米ごはん」「黒米と玄米ごはん」を22年秋に発売した。秋田県産あきたこまち玄米を使用し、アレルギー対応レトルト製造ラインでふっくら炊き上げた。「食後の血中中性脂肪の上昇をおだやかにする」機能性表示食品。1食当たりイソマルトデキストリン（食物繊維）が2.13mg含有。

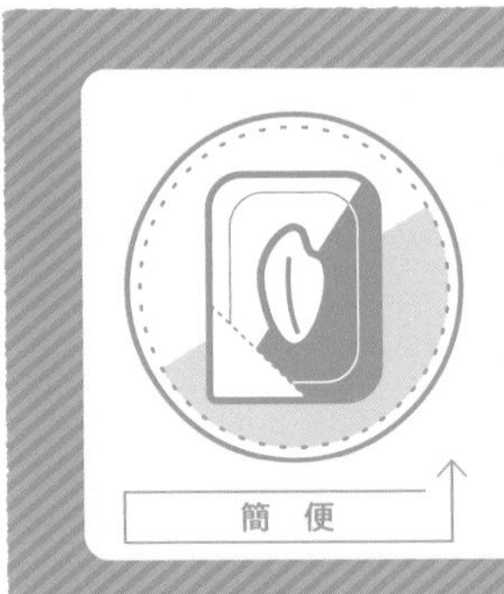


# 加工米飯

コメと加工

## 非常食から日常食へ 増え続ける需要

### 加工米飯の沿革

「レトルト赤飯」が市場に登場したのは1974（昭和49）年頃で、島田屋本店が発売した「赤飯」であった。それ以前には1967年頃の米飯缶詰がある。当時、コメの在庫が増え古米どころか古々米対策の解決の一環として「赤飯」「五目めし」などの米飯缶詰が開発され、一時的なブームを呼んだが、その後に容器の毒性問題が起こり、市場から姿を消してしまった。

1978年3月に、ホテルニューオータニでコメの消費拡大運動の一環として関係官庁、消費者団体、マスコミなど関係者を招待して、コメ加工食品のデモンストレーションを行った。これは当時の余剰米対策として行われたもので、「'78お米の加工食品フェアー」として40社65種のコメ加工食品が出展された。そのなかに「包装ご飯」もみられた。当初、赤飯だけだったが各メーカーの努力で順次開発された。レトルト赤飯が世の中で認められたのは、家庭では手間のかかる赤飯が主力のため、良質な自主流通米の確保、小豆相場の不安定、包材のレベルアップなどの溢路があったが、この商品の特徴である中味が本物、食べ方が即席という商品特性が消費者に受けたのではないかと推測される。ことに良質な自流米を年々確保することは収穫量、価格などで非常に困難にもかかわらず各メーカーが努力した成果だった。包材も当初のピンホールには各社とも苦労し、製法、包装機械などの改良で数段の進歩をとげた。

## パックごはん市場

加工米飯の年間生産量を図表 1 に示す。

加工米飯のなかでもパックごはんといわれる包装米飯は、雑穀米商品など一部レトルトで殺菌していることから、おかゆを含むレトルト米飯と無菌包装米飯を合算した生産量を見てみる。22 年のパックごはん生産量は前年比 5.0％増の 24 万 5,811 t 。19 年に初めて 20 万 t を超え、22 年は最高量更新が続いた。伸長要因は 11 年の震災以降の防災意識の高まりで、非常食に常備する需要が高まったこと。加えて、お一人さま高齢者など世帯構成の少人数化や女性の社会進出といったライフスタイルの変化による日常食としての利用も増えた。電子レンジ調理など簡便・時短ニーズが多様化し、パックごはんが困ったときのお助け食品ではなく、主食のポジションに変化したことも好調の要因だ。

18 年は、防災意識の高まりで非常食用に常備する需要が高まっていたところへ、19 年も自然災害が多発し備蓄傾向が増加。20 年は 3 月からの休校や外出自粛の影響で急増。21 年度も在宅率の増加などで内食需要が高まり利便性の高い包装米飯が求められた。加えて 22 年は感染第 6 波、7 波で自宅療養者向け支援物資に各社のパックごはんが活用され、その簡便性やおいしさが再認識されて予想以上に需要が拡大した。

図表 1　加工米飯の生産量

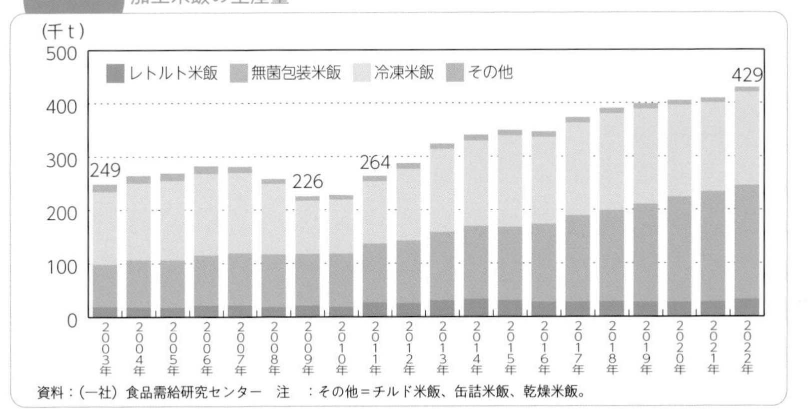

資料：(一社) 食品需給研究センター　注　：その他＝チルド米飯、缶詰米飯、乾燥米飯。

この10年間で主食用米の需要は約10%減少した一方、パックごはんは日本食糧新聞推計で16年に600億円弱だった市場が毎年40億～50億円、約7%ずつ成長し22年は900億円を超える見込み。コメ離れが進む中で、今後、コメからパックごはんへ1%でも切り替わると1,000億円市場も見えてくる。しかし、全メーカーが増産体制をとっても対応できないほど供給が追いつかない。業界をあげて安定供給に尽力しているが、このままの需給バランスが続くとさらなる設備投資も視野に入れる必要が出てきそうだ。

## 冷凍米飯市場

冷凍米飯とは、調理加工した米飯を急速凍結したもので、冷凍・解凍技術の進化や多様な商品展開に昨今の簡便志向も重なり、徐々に市場が拡大した。とくに、コロナ禍により自宅で食事をする機会が広がって主食系の人気が高まり、家庭用商品が伸長。(一社) 日本冷凍食品協会によると2020年冷凍米飯類の総生産量は19万3,716 tで前年比11%増、21年度は19万5,718 tで同10%増加した。多くの食品が値上がりするなか、コメは比較的価格が安定しており、今後は値頃感からも人気が高まることが予想される。最大手のニチレイフーズは、23年4月に新たな米飯工場の稼働を予定しており、さらなる拡大を図る。

商品は、ピラフを含めるチャーハンと焼きおにぎりが上位を占める。成長著しいチャーハンは近年、フレーバーの多様化が目立つ。臭いを気にせず食べられるニンニクを配合した商品や、コロナ禍で海外旅行できないことからエスニックの味を楽しめる商品、激辛ブームに合わせた商品、有名店の監修商品など需要を喚起している。

冷凍米飯市場が一定の地位を得た記念すべき商品は、87年発売の「洋食屋さんのえびピラフ」(ニチレイ) だろう。同品は、洋食店のようなえびピラフの味わいをレンジ調理で手軽に提供できることで人気を博した。

次なる転換期は、ニチレイフーズが「本格炒め炒飯®」を発売した2001年。しっかり炒めた商品で、レンジアップでプロの味が楽しめるのが特徴だ。発売当時、家庭用冷凍チャーハンといえば、炒める製造工程がなく調味料と具材を混ぜただけの「チャーハン風まぜご飯」だったが、同品のおいしさが消費者に認知されると、以後右肩上がりで推移。17年に100億円突破し、同品は「世界で一番売れている炒飯」※としてギネス世界記録®に認定された。

この間、技術革新といっそうの食多様化により業界各社から多様な商品が発売された。冷凍炒飯戦争ともいえる状況となり、市場はますます広がっていった。冷凍食品メーカーが担っていた冷凍米飯市場に、今では米穀企業や外食・中食業界からの参入も増え、さらなる競争激化が予想される。

今後に関しては、手作り派の取り込みと、減塩・低糖質など健康志向への対応に加え、拡大する海外需要の獲得が成長のカギを握るだろう。

## レトルトかゆ市場

コロナ禍で即席がゆ市場が拡大している。POS（KSP-SP）データによると2022年は、販売金額で前年比22.4％増加。消化が良く軟らかく食べやすいかゆは1パック当たり100kcalを下回ることもあり、美容やダイエット目的で50代以下の日常使いも増えている。

即席がゆは高齢者食として需要層が厚くなり、近年一貫して安定成長してきたカテゴリーだ。そこに、コロナ太り対策として在宅勤務のランチ需要が重なり、40～50代にも広がった。21年夏ごろから、自治体による自宅療養患者への支給や、ワクチン接種後の体調悪化に備えた購入で実食して良さを実感、長期ユーザーとなるケースが増えているようだ。

メーカー側ではこの需要を定着させるため、「日常食としての新たな食べ方提案」とともに、幅広い需要層を獲得する商品開発を積極化している。味の素では「おいしく健康的な日常食」を掲げた「鶏がゆ」や、期間限定発売の「粥粥好日」シリーズ、通販限定の「韓国米飯」シリーズなどを展開。はくばくは、年間商材としての需要開拓を目指し22年春、冷やしても温めてもおいしい「冷製もち麦のポタージュ粥」シリーズを立ち上げた。若年女性を意識しカラフルなパッケージを採用。また、同品は、ガスや水がなくてもそのまま食べられる点や、非常時に不足しがちな野菜も摂取できる点で災害食にも適し、味の素の「長期備蓄用おかゆ」と併せ、新たな用途を開拓する商品として期待される。

※記録名：最大の冷凍炒飯ブランド（最新年間売上）対象年度：2020年

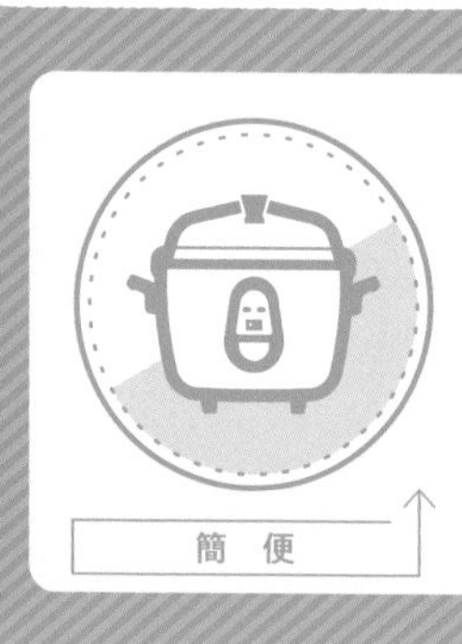


# 炊　飯

コメと加工

（公社）日本炊飯協会※

## 中食・外食の原価を左右するコメ価格の安定化を

※専務理事　三橋昌幸

### 炊飯事業の歴史

#### ⑴ 炊飯事業の始まり

炊飯事業（炊上がり15kg／釜のご飯を保温容器に入れデリバリーする事業）が全国的に始まったのは1976（昭和51）年で、これは、学校給食にご飯が提供されるようになった年である。

その後10年の間に、米飯加工機（おにぎり、海苔巻き、しゃり玉、稲荷ずし）が発明されて出回るようになり、製造現場では、人手の数倍量を安定的に製造できるようになった。その結果、現場ではご飯が炊ききれない状況が生まれた。とくに、しゃり玉成型機が開発されると魚屋が寿司を提供するようになったのだが、ご飯はまったく経験のない分野であったため、ほぼすべての酢飯は炊飯事業者がになうことになった。この段階の1990（平成）年代に炊飯業界は発展を遂げ、新規参入も多くあり、首都圏での炊飯事業者は、感覚的に倍程度となった。

酢飯は、人肌（40℃）程度とするのが一般的で冷ます必要があるが、炊飯工場では、機械化により安定して一定の温度に冷ますことができる。保温容器は改良を加えられて保温力が増し、高温の洗浄に耐えられる容器へと進化して使い勝手は格段に良くなった。

#### ⑵ コメを買う時代からご飯を買う時代に

セブン-イレブンは1973（昭和48）年に日本に進出したが、アメリカのスタイルをそのまま取り入れて当初は売上げが上がらなかったと聞く。筆者の父は横浜で米屋を営んでいたが、76年に炊飯事業とローソンの店舗経営（神奈川県第1号店）を始めた。当初は両事業とも不振でローソンの店舗を閉めた。ただ、ローソン本部へのコメの納入は継続し、あるとき、米飯類が売れるようなコメを提案するよう要請を受けた。そこで、おにぎりには粘り気が必要と高価格帯のコメを薦めたところ、提案はそのまま受け入れられた。これがどこまで功を奏したかはわからないが、コンビニエンスストアで米飯類は売れるようになり、消費者がご飯を買うことへの抵抗感が減ったことは、炊飯業界にとって追い風となった。

### ⑶ コメ価格は飲食業者の原価に大きく影響

米飯加工機の生産能力がアップしたことで、炊飯業界はおにぎり、海苔巻き、稲荷寿司等の米飯加工品の製造を求められ衛生管理のレベルアップが必要となり、95（平成7）年業界団体（炊飯協会）を立ち上げた。

これまで統計上に炊飯（ご飯）の項目はなかったが、当時の食糧庁は、協会設立を機に全国の支所を通じてご飯に使用されているコメの使用量を毎年調査し、炊飯協会のデータを加えた統計を作成するようになり、全体像がわかるようになった。

しかし、その後平成15年に農水省の組織変更があり食糧庁がなくなると、残念ながら統計への予算が削られ、その後は全国レベルのデータは取れなくなった。当協会のデータは会員の集計であり全体の数値は会員の増減にも左右されるため、納入先別割合の傾向はある程度つかめるものの、業界の動向まではとらえられていない。

ご飯は飲食のメニューには欠かせない存在で、常に原価の大きなウエートを

図表1　コメの相対価格

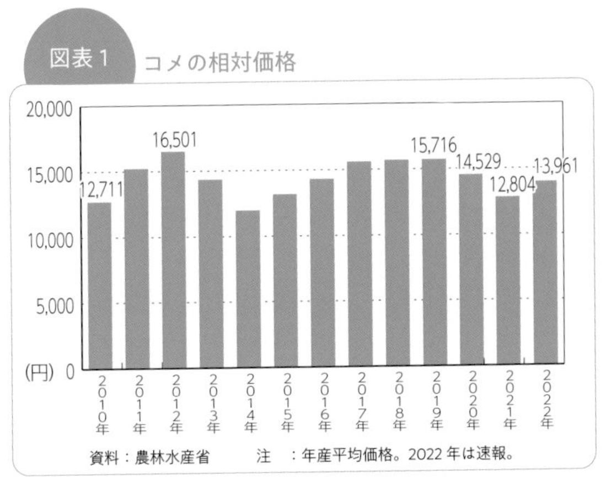


資料：農林水産省　　注　：年産平均価格。2022年は速報。

占める。コメの価格は、現在では、コメの収穫前にJAが提示する「概算金」（生産者への仮渡金）が実質的な指標になっているが、最近、乱高下といっていいほど価格が動いている（図表1）。以前、コメの価格が下がり給食事業者にコメ価格の値下げを提示したときに、「コメ価格を下げると各事業所では、少しでも良いメニューを提供しようとおかずのグレードアップを図る。そのときはお客様に喜ばれて良いが、コメ価格が上がると、逆におかずのグレードを下げなくてはならなくなる。結果として、お客様からクレームが出てしまう。われわれ事業者も一時的に多少利益は出るが、その後のクレームのダメージの方が大きい。コメ価格の乱高下は誰も喜ばない。コメ価格は安定が大事だ。」と諌められたことは、今でも鮮明に覚えている。

コメ価格が安定していないと、商品開発等の事業計画は非常に立てにくい。コメ価格はもちろん天候等に左右されるが、JA、農水省、政治家には大きな予算がバックにあるわけで、価格の乱高下は誰の利益にもならないことであり、「米価安定」を第一に施策を考えていただきたい。

## 統計についての解説

食糧庁での炊飯業界の調査は、業種別コメの使用状況を把握することを目的としてデータ収集された。当協会も食糧庁にならい業種分けしている。図表2は2019年に対する20年各3カ月間の炊飯量を調査したもので、コロナ禍での各業界の影響を調べた。同時にヒアリングも行ったが、項目内でかなりバラつきがみられた。

・炊飯数量のいちばんの落ち込みは、政治主導で突然決まった学校給食だが、方針転換したおかげですぐにほぼ100％回復。

・飲食店は半分以下に落ち込んだ。ヒアリングからは現在でも全体としてまだ90％台の感触である。

図表2　納入先業態別炊飯数量調査（19年と20年の同月比較）

| | 飲食店 | 旅館等 | 学給 | 食品販売 | 米飯加工 | 合計 | 学給除 |
|---|---|---|---|---|---|---|---|
| 3月 | 63% | 63% | 5% | 94% | 99% | 87% | 91% |
| 4月 | 40% | 19% | 13% | 86% | 89% | 77% | 80% |
| 5月 | 46% | 17% | 10% | 91% | 87% | 78% | 83% |

注　：飲食店＝食堂、レストラン、そば・うどん店、寿司屋、料亭等。旅館＝旅館、ホテル、民宿、独身寮、社員食堂等。食料品販売店＝百貨店、スーパー、コンビニ、弁当、おにぎり販売店等。病院食は学給に含める。（正会員45社／国内69社）

・事業所給食、旅館は激減し、とくに行楽地の落ち込みは大きかった。
・食品販売と米飯加工品はデータ収集時に混在もあり、スーパー等として合計数ととらえた方が実態に近い。立地条件で、100％超え（車の来店多い）、80％程度（ターミネーター店）とかなり差があった模様。

図表3 精米使用量（炊飯協会会員分）

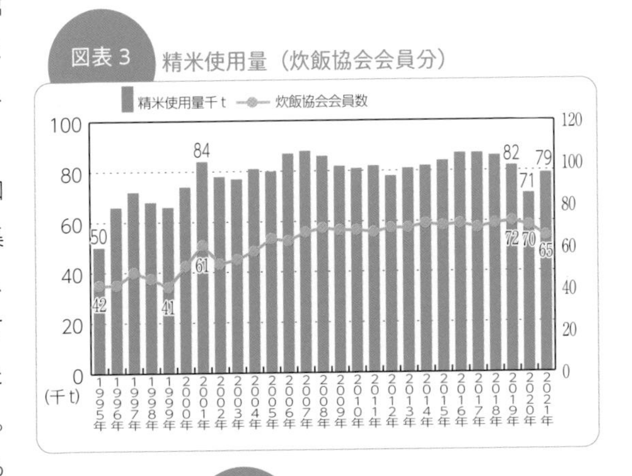


図表4 出荷先比率

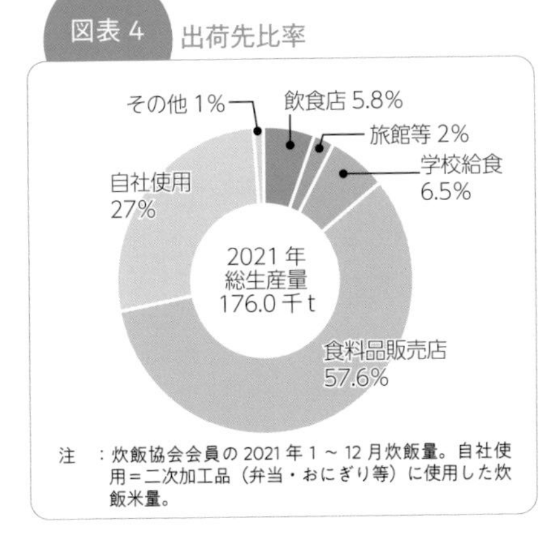


注　：炊飯協会会員の2021年1～12月炊飯量。自社使用＝二次加工品（弁当・おにぎり等）に使用した炊飯米量。

当協会の炊飯量調査（図表3、図表4）では、2007年に88千t（国内の正会員67社）と炊飯使用精米数量がピークとなっており、この頃、主要な炊飯業者が会員に加入したと思われる。その後、入退会する炊飯事業者があり、国内の正会員数は70前後だったが、20年には精米使用量が10％以上減った。業績悪化による炊飯事業からの撤退もあり、正会員数は前年より5社減っている。21年の正会員数はそのままだが精米使用量は前年より10％増え、売上げではコロナ禍の影響をかなり脱したと読み取れる。

今後は観光業界の復活とともに、さらなる売上げの伸びが期待される。とくに、外国人観光客への対応が求められるが、ハラル等いっぺんに対応するのは難しく、できるところから対応し備えることが、さらに業績を伸ばすカギになると思われる。

ストック食材

# アルファ化米

コメと加工

尾西食品(株)※

## 美味しい非常食へと進化

※広報室長　栗田雅彦

### アルファ化米とは

アルファ化米の「アルファ化」とは、コメに含まれるデンプンの状態を指している。美味しく炊き上げたコメをすぐに急速乾燥させ、水分を取り除くことでアルファ化したデンプンの状態が維持できる。

このため、アルファ化米に湯や水を加えるだけで、火を使うことなく炊き立てと同じような柔らかく美味しいご飯を食べることができる。技術的には「炊いたお米を均一に乾燥させる」「乾燥後、板状になったコメの粒を壊さずに砕く」ことでコメの美味しさを損なわないように、各メーカーはさまざまな工夫をして製造している。

### 非常食としての利用

第二次世界大戦中は軍用食として利用されたアルファ化米だが、戦後は登山などアウトドアで多く利用されていた。大きな転機となったのが1995年の阪神・淡路大震災であった。災害時にも柔らかいご飯を食べたいという声が強まり、乾パン中心であった自治体の備蓄食としてアルファ化米の採用が増加したのであった。同時期にパッケージ改良が進み、保存期間が5年に延びたことも、長期保存食として注目されるようになった大きな要因であった。

図表1 アルファ化米の製法

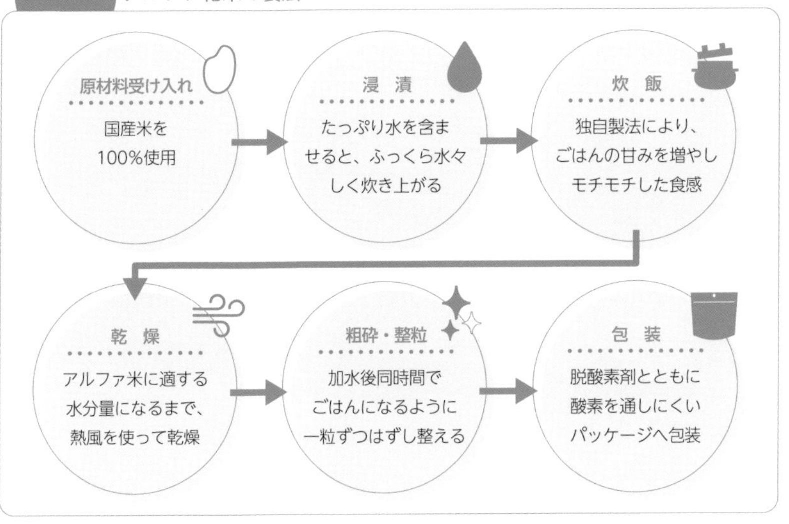


## アルファ化米の進化

阪神・淡路大震災以降、中越地震・東日本大震災等日本は多くの災害に見舞われ、避難所生活を数多く経験するなかで、アルファ化米だけでなく非常食全般に対する要望も多岐にわたるようになった。

さまざまな要望に応え、「アレルギー・ハラールやえんげ困難者対応といった災害時に配慮を要する方向けの商品作り」や「パン・クッキー・めん類などのアルファ化米以外の商品レパートリーを増やす」といった方向性に各メーカーが商品開発を進めてきており、アルファ化米をはじめとする非常食は進化を遂げている。

「非常食は美味しくない」「災害時に止むを得ず食べる」という印象がいまだに根強いのは否定できないが、そうした印象を払拭するために、各メーカーが「美味しさ」にこだわった商品作りに日々努力をしてきており、「美味しさ」という面でも大きく進化している。

## アルファ化米の今後の可能性

毎年のように発生する災害も大きな要因として、非常食市場は年々拡大している。従来は自治体や企業が購入の主体であったが、家庭で備蓄する動きが強まっている。各メーカーにはこうした動きに合わせた商品作りが求められる。具体的には、災害時にこそいちばんの楽しみである食事では、「普段と同じ美味しいもの」を召し上がってほしいとの考えから、「非常食」と「日常食」の垣根を取り払うような進化が必要となる。

「普段でも食べられる美味しく手軽な非常食」の提供が可能となれば、災害時でも慌てることなく普段と同じ食事を取ることができ、日常的に非常食を食べることが、防災意識の浸透につながるものと考えている。

災害時の栄養バランスの問題は多く指摘されており、栄養に配慮した食品と組み合わせることによって、「より栄養バランスの取れた非常食へ」と、アルファ化米の可能性はこれからも広がっていくものと考えている。

商品紹介

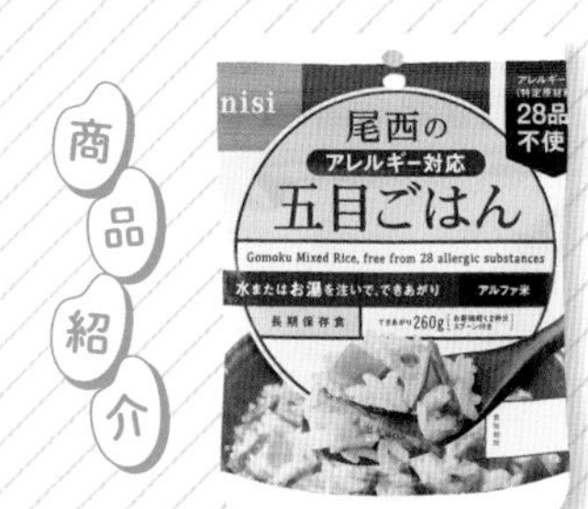


### アレルギー対応五目ごはん

尾西食品㈱お客様相談室
☎ 03-5427-6677

お湯で 15 分、水で 60 分戻せばふっくらご飯が食べられる。アレルギー対応の五目ごはん。

# こめ油

コメと加工

築野グループ㈱

## 米ぬかとこめ油

米ぬかは、コメの精米（搗精）工程で発生する副産物である。玄米表面のぬか層（果皮・種皮・糊粉層）および胚芽の部分を削り取ったもので、通常の精米では、玄米重量の10％ほどが発生する。米ぬかに含まれる約20％の油分を抽出・精製したものがこめ油であるが、玄米あたりのこめ油の収量にすると約１％しかなく、貴重なプレミアムオイルとされている。国内の植物油脂のほとんどが輸入原料に依存する中で[1]、「国産原料」による生産を行い、食料自給率の向上に貢献するという点において、ほぼ唯一の油といえる。

こめ油の観点から、米ぬかは取扱いが難しい原料である。精米工程で米ぬかが発生した直後から、米ぬかに含まれる油分は酵素（リパーゼ）の影響により速やかに加水分解される[2]。この特性は、最終的なこめ油の品質や収率を悪化させ、製造コストを押し上げる原因となっている。とくに、気温や湿度が高くなる環境では影響が大きくなり、年間を通して原料の品質は大きく変動する。良い品質の原料を得るには、発生後の米ぬかを可能なかぎり早く抽出にかけ、粗油（原油）とすることが重要である。玄米流通が主流の日本では、全国各地にて発生する米ぬかの集荷体制の構築が、こめ油の製油会社にとっての課題となる。

ところで、精白米と比べた玄米の健康増進の効果について数多くの報告があるが、米ぬかには多種多様な機能的な栄養成分（食物繊維、機能性脂質・タンパク質、ビタミン、ミネラルなど）が含まれている。米ぬかを原料とするこめ油には、玄米由来の特徴的かつ機能的な脂質成分が抽出・濃縮されており、一般的な植物油と異なるさまざまな特徴を有している。

## こめ油の利用

こめ油の特徴を述べると、(1) 特徴的な機能性成分と、(2) 優れた酸化安定性・調理適性の２点があげられる。近年は、健康を意識した消費者ニーズの高まりから、こめ油に含まれる機能性成分が注目されたことをきっかけに、家庭用においてその市場規模を大きく伸ばしている[3)]。また、酸化しにくく風味が良いという優れた調理適性については長らく評価されており、加工食品メーカー（ポテトチップス、かりんとう、米菓など）、レストラン、高級料亭、学校給食など、業務用において幅広く利用されている。

## こめ油の機能性成分

前述のとおり、こめ油には玄米由来の特徴的かつ機能的な成分が豊富に含まれている。本項では、その中から代表的な成分について説明する。

### ① γ - オリザノール

コメに特徴的な高い生理活性をもつ成分で、一般的な植物油には含まれていない。医薬品成分として知られており、脂質代謝改善や自律神経調節など、機能的な作用が数多く報告されている。また、酸化防止、紫外線吸収、皮脂腺賦活、メラニン生成抑制などの効果から、食品や化粧品にも広く使用されている。

### ② トコフェロール・トコトリエノール

トコフェロールは、植物油に含まれる代表的な抗酸化成分で、体内の脂質の酸化を防止することで細胞の老化を抑えるといわれている。こめ油には、α - トコフェロール（ビタミンE）が多く含まれてい

図表１　植物油のビタミンＥ含量

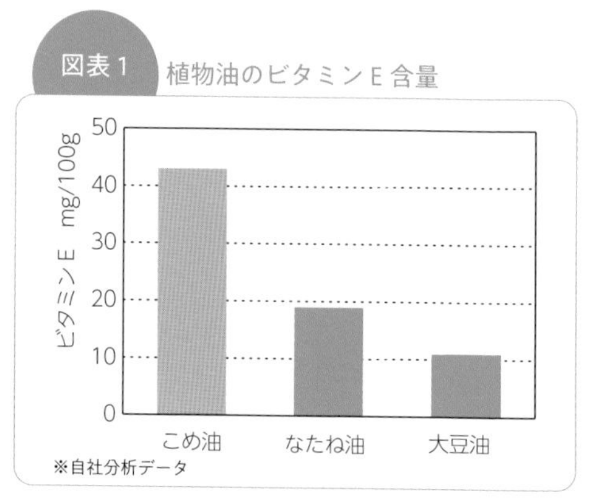

る（図表1）。そのうえ、トコフェロールと比べて数十倍の抗酸化力をもつといわれるトコトリエノール（スーパービタミンE）が含まれている（図表2）。多様かつ豊富なこれらの抗酸化成分が、こめ油の高い酸化安定性に寄与していると考えられる。

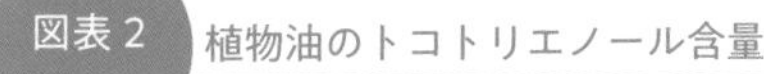

図表2　植物油のトコトリエノール含量

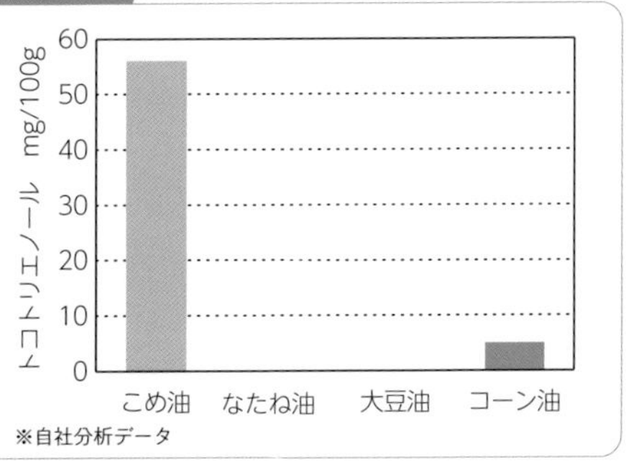


### ③ 植物ステロール・トリテルペンアルコール

図表3　植物油の植物ステロール含量

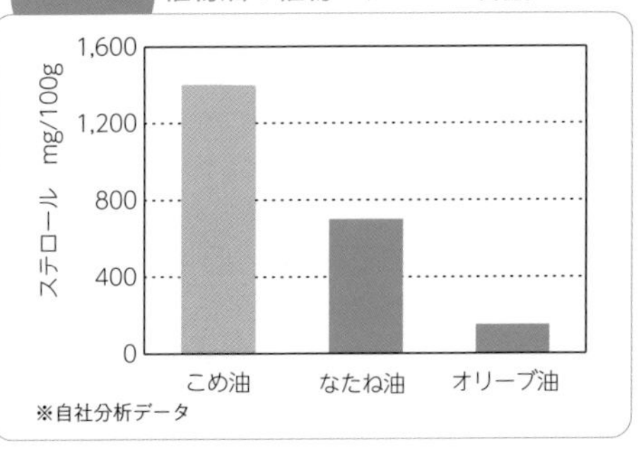


植物ステロールは、コレステロールに類似した構造をもつ成分で、摂取したコレステロールの体内への吸収を阻害し、血中コレステロール値を抑える働きがある。こめ油にはとくに豊富に含まれている（図表3）。こめ油に特徴的な成分であるトリテルペンアルコールは、植物ステロールとの相乗的なコレステロール低下作用に加えて[4)]、肥満や高血糖に対する効果についても報告されている[5)]。

## こめ油の使い方

家庭の一般的な食用油の使い方といえば、フライ・唐揚げ・天ぷらなどの揚げ調理、肉・野菜などの炒め調理がまずは思い浮かぶであろう。しかしながら、オリーブ油やアマニ油などの市販の油種の多様化にともない、和える・かける・混ぜるなど、高温で加熱しない、あるいはごく短時間しか加熱しない使い方が消費者に浸透してきた。一方、業務用の加工食品の原材料として利用される食用油には、加熱安定性、保存安定性、物性改良、風味など、加工食品の分野に応じた複雑な要求がある。本項では、こめ油の使い方とそのメリットについて、さまざまな用途に分けて紹介する。

### ①高温調理

油の代表的な使い方である、揚げる・炒めるといった高温調理では、油は急激に酸化され、最終的に異臭、泡立ち、着色などが発生する。こめ油と一般的な植物油（菜種油）を加熱劣化（180℃、48時間）させたときの品質について比較した結果を図表４～５に示す。

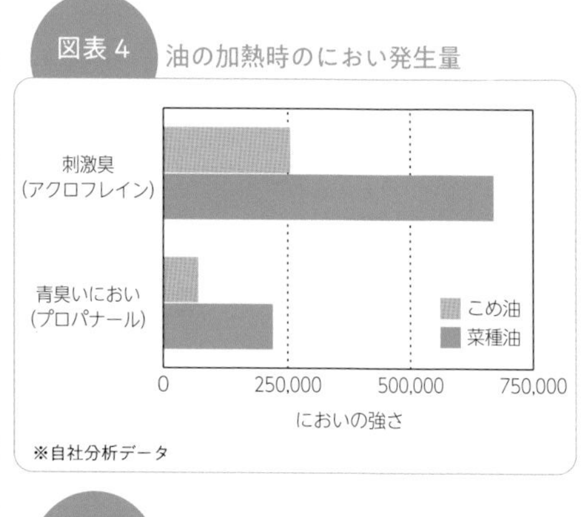


図表4　油の加熱時のにおい発生量

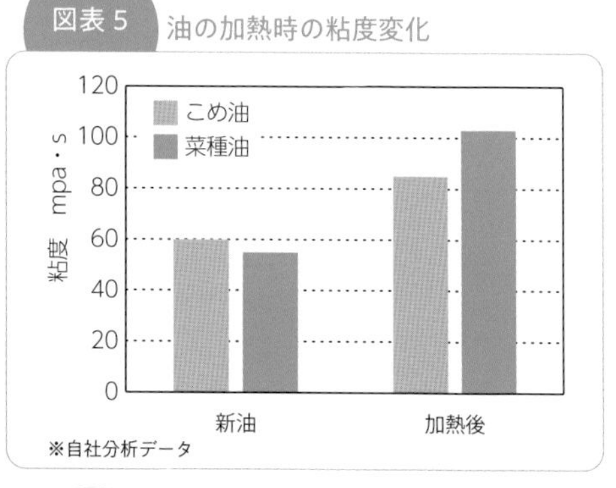


図表5　油の加熱時の粘度変化

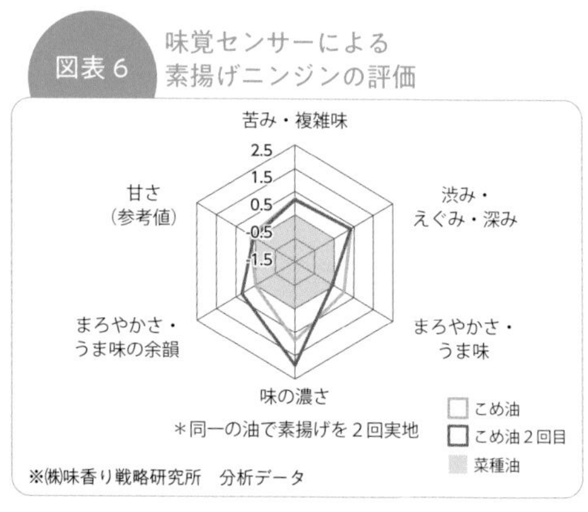


図表6　味覚センサーによる素揚げニンジンの評価

油の酸化劣化臭に関与する代表的なニオイ成分として、プロパナール（青臭いにおい）とアクロレイン（刺激臭、いわゆる「油酔い」の原因成分）の発生量を調べると、こめ油の方が少なかった（図表４）。これは、調理中のにおいが気にならず、揚げ物の風味も良いことを示す。泡立ちに影響する粘度の変化を見ると、こめ油の方で増加量が少なかったことから、調理中にも泡立ちにくいといえる（図表５）。

天ぷらなど日本料理では、濃い味付けを避けながら素材の味を活かすた

図表7 長期保存時のPOVおよびにおい発生量の推移

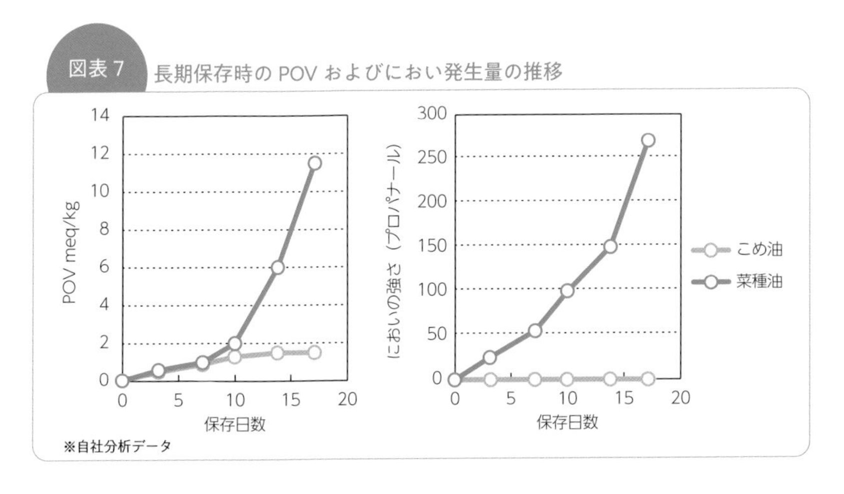


※自社分析データ

め、使用する油の風味はとくに重要とされる。前述のこめ油のにおいの少なさは、風味の良さの一つの裏づけといえる。別の実験として、こめ油と菜種油を使って調理したニンジンの素揚げを味覚センサーにより比較したところ、こめ油の方が「味の濃さ」が強かった（図表6）。これも同様に、こめ油を使うと素材の味が活かされ、邪魔しないことを示唆すると考えられる。

### ② 長期保存

近年の食品業界においては、持続可能な開発目標（SDGs）に関連した

図表8 菜種油に対するこめ油の調合比率とにおい発生量の関係

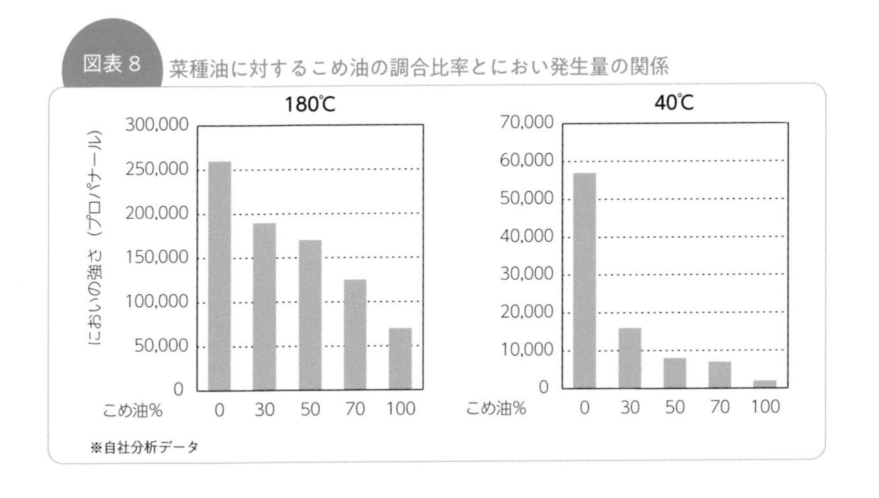


※自社分析データ

食品廃棄ロスの削減に向けて、食品の品質とおいしさをより長期間にわたって維持する技術開発が求められている。常温下の長期保存を想定した試験では、菜種油と比較してこめ油の方が酸化しにくく、また、におい成分の発生量も少なかった（図表7）。油脂を原材料に含む加工食品では、その油脂の酸化安定性が製品全体の保存安定性にも影響するため、この結果を応用できると考えられる。

### ③ 調　合

食用油脂の業界では、２種類以上の油種を混合して各油脂の特徴を合わせた「調合油」としての利用が幅広く行われている。こめ油についても同様であるが、さまざまな用途に使われるそれら調合油がこめ油の特徴をどの程度発揮できているのか、その詳細については不明な点が多かった。こめ油の調合比率と保存温度条件との関連性について調べると、180℃（高温調理を想定）および40℃（常温保存を想定）の各温度において酸化防止効果が確認されたが、意外にも40℃では、少量のこめ油であっても顕著な効果を発揮した（図表8）。この結果は、使用用途と配合量の適切な選択によって、こめ油の利用価値がよりいっそう広がる可能性を示した。

### ④ 製菓・製パン

製菓・製パンの原材料の油脂は、最終製品のテクスチャーや風味などにおいて重要な働きを担う。γ-オリザノールは乳化作用を有するが、γ-オリザノール高含有のこめ油は、生地の乳化を促進し、シュー皮の油染みやスポンジケーキの柔らかさおよび口当たりを改善した（特許第6629395号）。さらに、γ-オリザノールを加熱するとバニリンと呼ばれる香気成分により甘い香りが発生する。焼き工程のある菓子やパンにこめ油を使用することで甘い香りが立ち、酸化しにくいこめ油の性質とも相まっ

図表9　come × come（コメトコメ）

て、風味良く仕上げることができる。

当社では製菓・製パン分野の取組みとして、製菓・製パン向けに開発したこめ油「Pâtisserie & Boulangerie Oil」と自社栽培の国産米粉を使用したグルテンフリーのスイーツ・パンの製造・販売を行っている（図表9）。同じコメから作られるこめ油と米粉の相性は良く、小麦アレルギーも気にせずに楽しめる。こめ油の新しい価値を提案していくと同時に、コメの消費拡大への一助となることを期待する。

〔引用文献〕
1）農林水産省「令和3年 油糧生産実績調査」
2）高野克己「日本食品工業学会誌」36.6（1989）: 519-524.
3）日本食糧新聞 12271号（2021.8.4）
4）渡辺早苗、他「日本栄養・食糧学会誌」40.4（1987）: 263-270.
5）下豊留玲、岡原史明「オレオサイエンス」17.6（2017）: 269-276.

国産こめ油 500g
築野食品工業㈱
☎0120-818-094
100%国産米ぬかを原料としたこめ油。素材の味を引き立たせる風味の良さが特徴。米ぬか由来の栄養成分を豊富に含む。

第2章 コメ加工技術の変遷 こめ油

# 日本酒

コメと加工

新規開拓

日本盛(株)※

## しっとり肌へと導く、酒蔵生まれの米ぬか美人

※通販事業部　村上百代

「これ、良いわよ！」酒販店のご婦人からあっという間に口コミで人気が広がり、今や愛用者が100万人を超える「米ぬか美人」は、灘（兵庫県西宮市）の老舗の酒蔵、日本盛が作った自然派化粧品。今から34年前、「酒造りの副産物、米ぬかは美容の宝庫である」ということに着目して誕生した。今もなお、多くのファンに選ばれ続けるロングセラー化粧品として愛されている。

### なぜ酒蔵が化粧品を？

「酒造りを行う杜氏(とうじ)は、そのしわくちゃの顔とは不釣り合いなくらい美しい手をしている。」こんな話を耳にしたことはないだろうか。酒の仕込みは昔、冬の寒い時期にだけ行っており、冷たい水を使う酒造りはたいへん厳しいものであったが、杜氏や蔵人たちの手は白くしっとりとツヤがあったという。

そんな酒蔵に伝わる秘話から発見されたのが、米ぬか※1や日本酒酵母※2。

※1コメヌカエキス（保湿成分）　※2酵母エキス（整肌成分）

米ぬかにはビタミンやセラミドなどの美肌成分が豊富に含まれており、ぬか床を混ぜた後の手がしっとりしているのを体感された方も多いだろう。また、酒を醸す日本酒酵母にはアミノ酸が豊富に含まれ、肌にハリとツヤを与えることがわかってきた。米ぬか美人には、米ぬかや酵母をエキス化して配合している。これらが、キメが整ったハリのある素肌へと導く。

## ロングセラーのナチュラルコスメ「米ぬか」

米ぬかは古来、日本女性の肌を磨いてきた。「源氏物語」においても、お米で髪を整える描写「女君は御泔のほどなりけり」という表現が出てくる。泔（ゆする）とは、米のとぎ汁や、おこわを蒸したあとの湯のこと。長い黒髪が自慢だった平安時代の貴族の女性たちは、髪を米ぬかで洗い、とぎ汁で整えていたという。

また、江戸時代の浮世絵にもぬか袋で肌を磨く女性が描かれている。米ぬかはまさに日本に伝わるロングセラーコスメといえる。

130年以上続く日本盛の酒造り。その発酵技術や知恵を余すことなく注ぎ込むことで「米ぬか美人」は誕生したのである。

### 米ぬか美人うるおいシリーズ

日本盛㈱
☎0120-878-906
（通販専用商品）

日本盛独自の酵母エキスや米ぬか※のチカラで、ふっくらとしたハリのある肌へと導く。

※酵母エキス＝整肌成分、米ぬかエキス＝保湿成分

## 米菓の起源

米菓発祥の歴史は古い。明確な記録をつかむことは困難だが、五穀豊穣祈願のため、もち米を神前に供え、その後に土皿でこれをあぶって食べたのが米菓の原型といわれている。日本古来の風習としてもち米を賀儀に供えていたことは、奈良時代大宝令で、宮中の大膳職に餅係がおかれていたことからもうかがえる。正倉院所蔵の「但馬国正税帳」(737年)には、「大豆餅」に「まめもちひ」と万葉仮名で読みが添えられており、あわせて「いりもちひ」と読ませる「煎餅」が記されている。

米菓は、まだ科学的な保存方法がない時代に生活の中から「もち」ないしは「ごはん」の食べ残しの処理として、また、災害時の備えや携帯用として、長い歳月を経て原型ができたと考えられる。

もち米を原料として作られた米菓を「あられ」「おかき」という。あられは、寒いときに降る「霰(あられ)」に形が似ていることにちなむとされる。小型のものを「あられ」といい、比較的中・大型のものを「おかき」と呼んでいる。「おかき、かき餅」は、正月に飾られた鏡餅をかき砕いて、焼いて塩をかけたり油で揚げたりしたことが由来とされる。

せんべいについては、「煎餅」の記載がある中国の古い文献に『荊楚歳時記』がある。中国の南北朝末期(6世紀ごろ)の年中行事についてまとめた書で、正月7日の「人日」に宮中で煎餅を食したとあり、北朝の伝統であるという。

934（承平４）年に編さんされた『倭名類聚抄』によると、本来「煎餅」は小麦粉を油で練って熱を加えて作ったものと記されており、原料とする「せんべい」の製法を覚え、これを伝えたといわれている。

現代のせんべいが発達したのは江戸時代になってからで、当時せんべい類と塩せんべいの２種類があった。せんべい類は中国（唐の国）から伝えられ小麦粉と砂糖が原料だったのに対して、塩せんべいは米（うるち米）を原料として整理されている。前者の小麦粉せんべいは、今の亀の甲（かめのこう）せんべいや瓦（かわら）せんべいの系統に属する。（資料：全国米菓工業組合）

## 市場動向

米菓市場は、日本の伝統菓子として国内外から価値が認められている。伝統の上にも新しい仕掛けや商品開発が進む。しかし、次代の消費を担う若年層への需要拡大は長年の課題。健康軸や素材へのこだわり、エコ包装の流れなど、新たな価値創造への取組みも見られる。

米菓の国内生産量は 21 ～ 23 万 t で推移しており、あられよりもせんべいの方が多い（図表１）。せんべいの消費金額を図表２に示す。コロナ禍では、外出自粛で家飲み・宅飲みによるつまみ需要が増加した。また、し好品の米菓では定着しにくい健康軸の商品が再注目され潮目が変わろうとしている。ロカボ商品や玄米、国産素材へのこだわり商品上市が相次ぐ。パッケージでは、エコ包装が普及。プラスチックトレーの廃止や外袋の紙採用やスリム化が進み、環境負荷へ配慮する流れは今後も加速しそうだ。

図表１　米菓の生産量

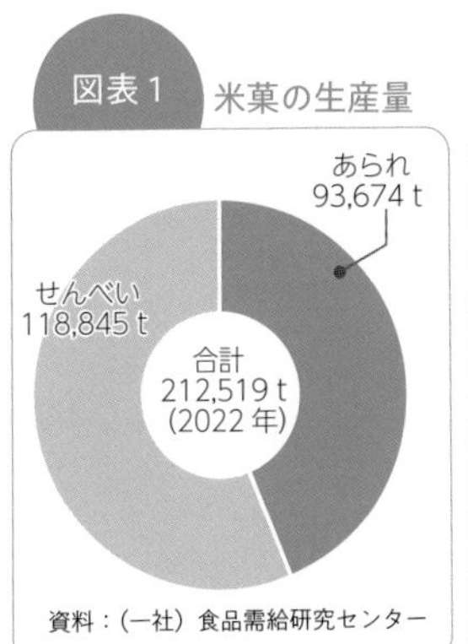


資料：（一社）食品需給研究センター

図表２　せんべいの消費金額

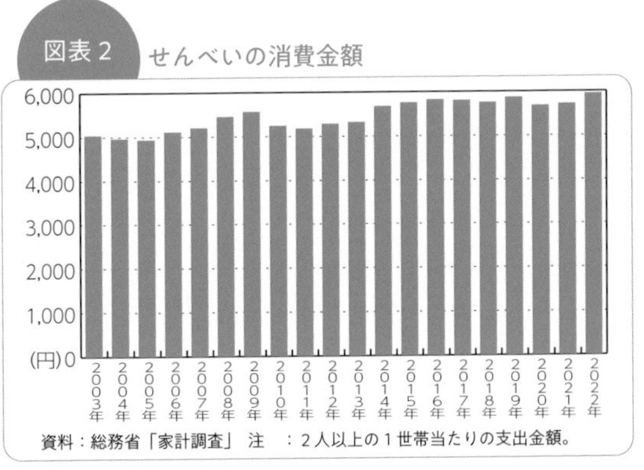


資料：総務省「家計調査」　注　：２人以上の１世帯当たりの支出金額。

## 米穀粉の分類

製菓材料としての米穀粉は、コメを原料としそのまま、または吸水後あるいは加熱糊化後、乾燥・製粉したもので、古くから地域独特の方法でつくられ、同品異名が多い。原料米と処理方法により分類すると、おおよそ図表1のようになる。

図表1　米粉の種類

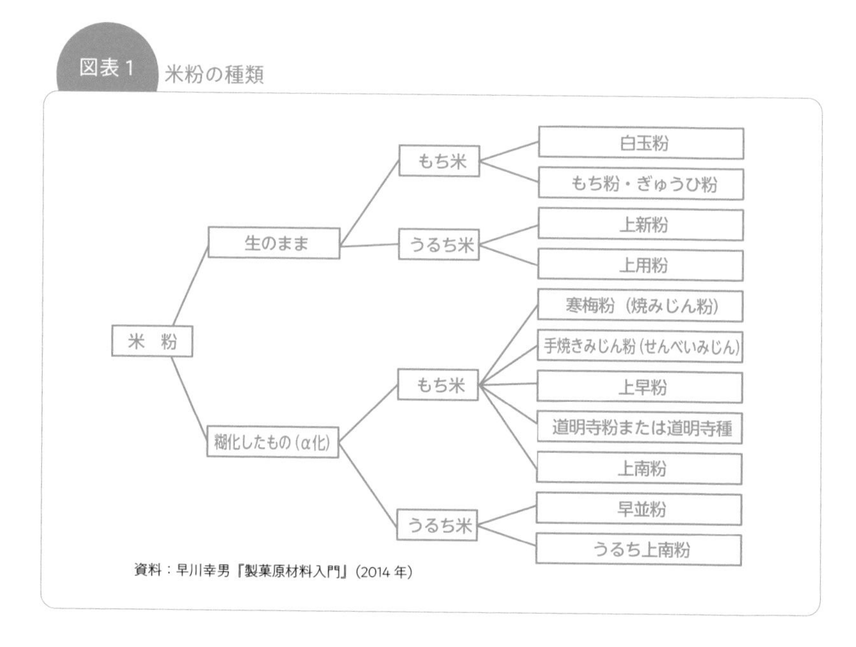


資料：早川幸男『製菓原材料入門』（2014年）

### ① 白玉粉

もち精白米を水洗して十分吸水させ、加水しながら摩砕して細かいふるいを通し、十分さらした後、圧搾脱水・火力乾燥して製品としたもの。粉というよりは、でん粉に近い。白玉粉は、寒中にもち米乳液を水さらししたことから「寒ざらし粉」という呼び名もあるが、現在は夏季の需要も多く、年間を通じて製造されている。

### ② もち粉・ぎゅうひ粉

もち米白米を水洗して水切り後、風乾して水分を18～19%にしたものを、きね式製粉したもの。粒度を80～90メッシュ程度に調整したものが、ぎゅうひ粉である。

### ③ 上新粉・上用粉

上新粉は、うるち精白米を吸水、製粉、乾燥したもので、串だんごや柏餅などに使用されている。このうち粒子の細かいものをふるい分けして製品化したものが上用粉で、高級和菓子に利用されている。上新粉よりも粒子の大きい、半乾き状のかるかん粉もある。

### ④ 寒梅粉・手焼きみじん粉

もち精白米を原料とし、水洗・水漬、蒸してもちを調製してホットロールで焼き上げ、製粉したものが寒梅粉（焼みじん粉）である。また、もち生地をせんべい焼機で焼き上げ、製粉したものを手焼きみじん粉（せんべいみじん粉）という。

### ⑤ 上早粉（じょうはやこ）

もち精白米を水洗・水切り後、ばい焼して焼米とし、製粉したもの。寒梅粉などに比べて容積が小さいのが特徴。

### ⑥ 道明寺粉（道明寺種）

もち精白米を水洗・水漬・水切り後、蒸したものを乾燥して「ほしい」とし、これを適当な粒子、たとえば2つ割り、3つ割り程度に砕いたもの。桜餅などの原料になる。

### ⑦ 上南粉

もち精白米を水洗・水漬・水切り後、蒸して蒸し米、またはもち生地を調製する。それぞれ乾燥後、粉砕して粒子を揃え、200℃前後の平炒り機によって煎る。サイズは米粒状から80メッシュ以下の細粒まである。寒梅粉や上早粉と異なり、粒形が球状に膨化している。大粒のものは「おこし」や洋菓子など、小粒のものはみじん粉と同様、押し物菓子などに使用される。

### ⑧ 早波粉、うるち上南粉

うるち精白米を使用して上早粉や上南粉と同様の方法で製粉したもの。

（資料：早川幸男 著『製菓原材料入門』（2014 年））

## 品薄感解消で伸び悩み

米穀粉の生産量を図表2、図表3に示す。新型コロナの影響で国内外への出荷が制限され、入国規制によるインバウンド需要の喪失や国内旅行の自粛ムードが続くなど需要が思った以上に伸びず、生産量は減産傾向が強い。一方でコロナ禍による手作り需要で、2020 年の家庭用の穀粉・製菓原材料市場は米粉や上新粉、白玉粉といった製品が空前の売れ行きを示した。21 年は若干落ち着きが見られたものの、健康志向の高まりからグルテンフリーで栄養豊富な昔の穀粉が見直される動きもある。メーカーでは商品に対する正しい知識や使い方、作る楽しみを Z 世代などの若年層に向けて発信することで購買層の裾野拡大を目指している。

図表 2　米穀粉の生産量

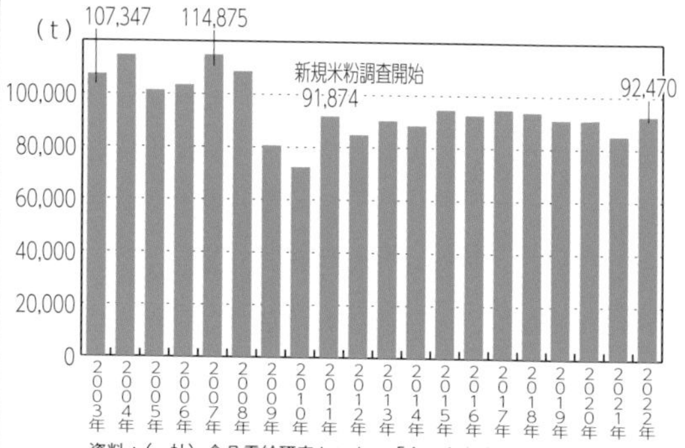

（t）
107,347
114,875
新規米粉調査開始
91,874
92,470
100,000
80,000
60,000
40,000
20,000
0
2003年
2004年
2005年
2006年
2007年
2008年
2009年
2010年
2011年
2012年
2013年
2014年
2015年
2016年
2017年
2018年
2019年
2020年
2021年
2022年


資料：（一社）食品需給研究センター「食品生産流通統計」

図表 3　米穀粉の種類別生産量

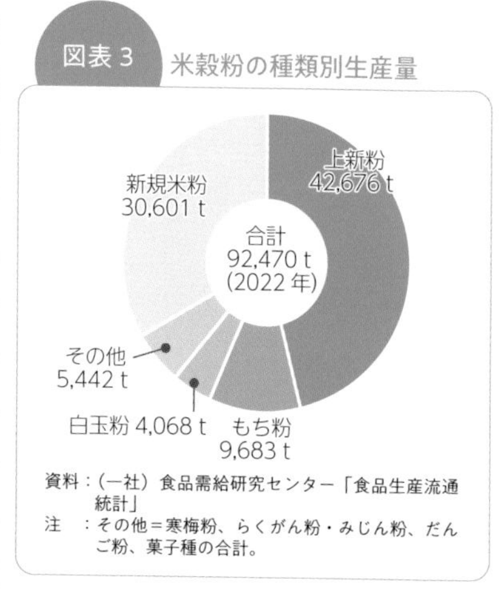

上新粉
42,676 t
新規米粉
30,601 t
合計
92,470 t
(2022 年)
その他
5,442 t
白玉粉 4,068 t
もち粉
9,683 t


資料：（一社）食品需給研究センター「食品生産流通統計」
注　：その他＝寒梅粉、らくがん粉・みじん粉、だんご粉、菓子種の合計。

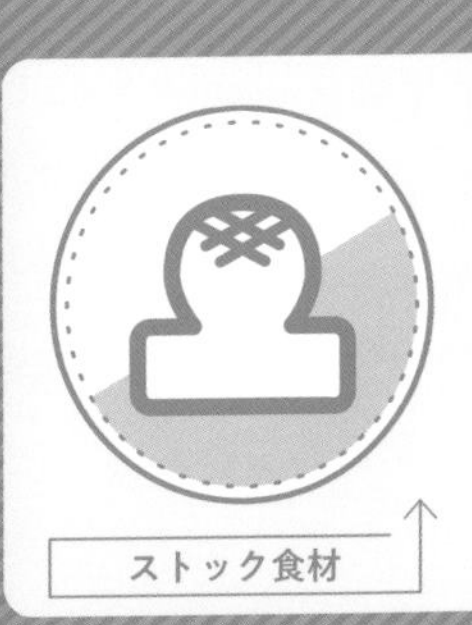

ストック食材

コメと加工

# 包装もち・切りもち

冬以外の消費定着に期待

## 包装もちの沿革と歴史

“もち”そのものは歴史が古く、縄文時代からあったといわれている。しかし、その時代は雑穀の粉を水でこね、蒸上げて搗いたもので、“もちひ”といわれるものであったという。歴史上“つきもち”が認められるのは天平年間以降で、公家の家庭を中心として式事に神聖な食物として取り扱われてきた。当時、“つきもち”は官営事業であり、これを担当する大臣までいたという。これが民間のものとなったのは平安中期といわれ、商売にする人も出てきた。徳川時代には正月など年中行事に採り入れられてますます盛んになり、祭礼、慶事、仏事、凶事の供物として主役となった。

これらのもちは自家製もあったが、“もちはもち屋”ということわざがあるように、一種の専門業として発展をとげた。

一方で、このような古い伝統をもつ専門業が、明治の新しい革新の時代を迎えて大企業への道を進みえなかったのは“もち”が“もちはもち屋”という言葉とはうらはらに、ある程度のものなら誰でもできる食品で、貯蔵性がないため商品として広く流通できず、わずかに地域をかぎった短期流通の商品であるためであったと思われる。

そのため、1955（昭和30）年までは菓子屋と兼業のかたちで店頭売りを中心として“つきもち”が季節や注文に応じて売られてきたのである。

時代が進み、流通機構が機動性をもって確立され、消費生活の意識が家庭に浸透すると、“もち”は自家製造よりも店頭買いが要求されるようになる。1953年頃になると、新潟地区を中心に白玉粉メーカーの間に閑散期の12～1月に正月用のもちを対象として製造し、これを切りもちとして段ボールに入れて、主として北海道への出荷が試みられた。

出荷が真冬で、しかも寒冷地への発送だったこともあって、これは一応成功であった。これに意を強くして白玉粉の作業の間をぬって正月用“切りもち”が製造出荷された。しかし、出荷量が多くなるにしたがって作業が粗雑となり、工場の衛生管理も不充分となり、その結果、カビが発生して数多くの返品で苦境に立つこともしばしばであった。出荷先も北海道から東北、関東、東海、さらには関西としだいに南下した。もちの防腐剤については、もちが主食であることもあって、食品衛生法で許可となっているものはない。しかも、切りもちの製造は発足から日も浅く、薬品メーカーの「もちにつきもののあんは許可されている」という指示で、わらをもつかむ思いで、デヒドロ酢酸、デヒドロ酢酸ソーダを取粉に混合使用することにより、防腐し出荷するようになった。

ところがこれが北海道と静岡で1963年に食品衛生法違反として摘発され、いわゆる毒もち事件が発生。業界は完全にストップした。その量は発足10年にしてはあまりにも多く、1,000 tもの“切りもち”が廃棄処分となった。新潟県切りもち業界は大打撃を受けた。業界は再起不能と思われたが、このことが今日の包装もち登場のきっかけともなった。

その後、包装もちが製造条件により摂氏30℃で3カ月も貯蔵できることが明らかになり、その技術が発表された。だが、あまりにも切りもちとは異なったソーセージ型の形状は、多くの議論を呼んだ。そこで食品研究所は包装もちの将来性を説くとともに、包装方法の研究により切りもちと同様の形態となる可能性を説いた。研究が進み包装材料、包装方法、リティナーの開発など業界あげての努力により、ソーセージ型から平型の今日の包装もちの完成にこぎつけた。1967年には4,000 t、6億円の売り上げに達し、有力な食品産業への地歩をかためることとなった。

このように、伝統的な食品であるもちが近代的な食品産業に脱皮するには多くの困難があり、これから今日の大をなしたのであった。

## 包装もちの市場動向

東日本大震災以降、保存食としてのもちへの関心は向上し、「防災の日」に関連した小売店頭の特設コーナーも定着しつつあり、実際の購入にも結びついている。

図表1に包装もちの生産量を示す。包装もち業界は、コロナ禍での内食需要の高まりで急増したものの大きな反動減はなく、内食需要に支えられ安定成長を続けている。11～12月に年間売上げの6～7割を占めるカテゴリーだが、冬場以外の消費が徐々に定着している。

22年前半は、前年末から続くさまざまな食品値上げに対して包装もち商品は従来価格で販売できたことから堅調を維持。価格改定を実施しない国産包装もち業界にとっては、外国産米粉使用のもちとの価格差が縮まることはチャンスとなる。ただ一方で、光熱費の高騰や包材費や物流費、人件費上昇などにともない値締めの形で特売頻度や特売価格の抑制がみられるため、無理な販売ができないのも現状で、単純に手放しで喜べない事情もある。また、米粉から作るもちは、搗いたもちよりもコシがないといわれるが、喉に詰まりやすい高齢者などは食べやすいため一定層の需要があり、大きな影響がないという声も聞こえる。コロナ禍で苦戦が続いていた外食市場の需要も戻りつつあり、今後人の動きがさらに活発化することで業務用市場でのもち需要増加も期待できそうだ。

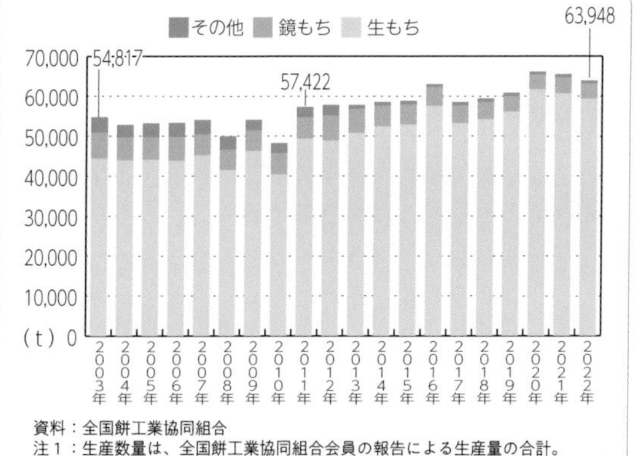


資料：全国餅工業協同組合
注1：生産数量は、全国餅工業協同組合会員の報告による生産量の合計。
注2：その他＝殺菌切り餅、即席（殺菌）餅、板餅、冷凍餅の合計、生餅＝生切り餅と即席（生）餅の合計。
注3：2022年は速報値。

# ぬか床

コメと加工

みたけ食品工業㈱

## 食材を無駄なく、<br>美味しく食べて健康に

近年、持続可能な開発目標（SDGs）のなかで食品ロスの削減が求められている。ぬか漬けは、食品ロス削減の役割を果たす一助となり得るのではないだろうか。

ぬか床の主原料は、玄米精米時に出る米ぬか。ぬか漬けは、自宅で余った野菜の切れ端・芯などの食材も捨てずに漬けられ、無駄なく美味しく食べることができる食品である。納豆やキムチ、甘酒など発酵食品の人気が続いているが、2020年のコロナ禍以降、健康志向のさらなる高まりにより発酵食品ブームが到来。同じく発酵食品であるぬか漬けにも注目が集まり、家庭でぬか漬けができるぬか床商品の人気が高まるきっかけにもなっている。

### ぬか床の歴史

発酵食品が日本で食べられた最古の記録は奈良時代。かなり古い時期から日本人は発酵食品に親しんでいたようだ。一方、現代のような「ぬか床」は、江戸時代に登場したと考えられている。この頃は玄米食から白米食に切り替わったときで、当時、精米された大量の米ぬかが余り、そのぬかを再利用したものがぬか漬けの始まりだったという。美味しく、食糧の保存方法としても優れていたため、ぬか漬けは庶民の生活に広まったといわれている。

## 発酵食品・ぬか漬けの栄養

発酵とは、カビ・酵母・細菌などの微生物が、炭水化物やタンパク質などの有機化合物を分解する過程で、人間にとって有益な物質を作りだす現象を指す。発酵をもたらす微生物の働きによって作りだされた食品を発酵食品という。

発酵食品であるぬか漬けは栄養が吸収されやすく、発酵過程で微生物が多量の栄養成分を作り出すため生野菜に比較して栄養価が高い。ぬか漬けに含まれる乳酸菌は、腸内で悪玉菌の繁殖を抑え、腸の働きを活発にする。腸内環境が整うことで、便秘の解消が期待できるだけでなく、免疫力アップやがんの予防にも役立つ。

米ぬかにはビタミン$B_1$やカリウムなどの栄養素が豊富に含まれ、ぬか漬けにすることで野菜の栄養価も高くなる。生野菜とぬか漬けでは、可食部あたりカリウムは約3倍、ビタミン$B_1$は約8.7倍の量と、栄養素の量が増えていることがわかる(図表1)。カリウムは余分なナトリウムを身体から排泄する働きがある。ぬか漬けは食塩の摂りすぎにもなりやすいので、カリウムを同時に補給できるのはうれしいポイント。また、ビタミン$B_1$は糖質の代謝に欠かせない栄養素である。ご飯に含まれる糖質の代謝を助けてくれるので、ぬか漬けとご飯は栄養学的にみてもぴったりの組み合わせになる。ほかにも、ビタミンC、ビタミンK、ナイアシンなどの栄養素も増加する。

図表1　生野菜とぬか漬けの栄養比較

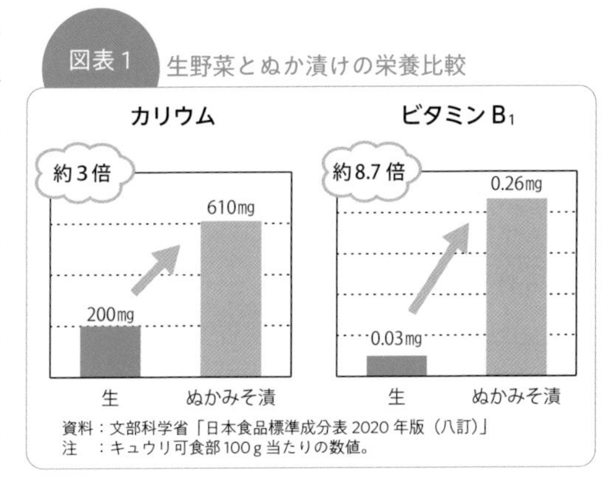


資料：文部科学省「日本食品標準成分表2020年版（八訂）」
注　：キュウリ可食部100g当たりの数値。

## 「発酵ぬかどこ」開発経緯

数年前から、健康や美容のためには腸内環境を整えることが大切という認識が広まり、“腸活”という言葉も生まれた。腸内の善玉菌が増加する

ぬか漬けは、腸活にぴったりの食材といえる。

さらに、コロナ禍以降、高まる健康意識と合わせて「おうち時間」が増えたことによって、これまでスーパーで“買うもの”だった味噌やヨーグルトを自宅で手作りする生活者も多くなっているという。自宅で気軽に楽しめるキットなどの登場も、発酵食品のブームを後押しする。

当社の「発酵ぬかどこ」は、誰でも手軽においしくぬか漬けを作ることができる商品である。開発のきっかけは、「失敗しないぬか床があったら」という社員のひらめきと、「ぬか床が若い人に受け継がれていない」という危機感から始まった。埼玉県の研究機関や県内企業等と産官学での共同研究より約2年かけて製法を確立し、特許も取得した商品である（特許第4205006号）。通常のぬか床は1日数回、最低でも1回は撹拌しなければカビの繁殖や異臭が生じ、ぬか床の品質を維持することができない。また、米ぬかからぬか床作りを行うには、発酵させるまで1週間から10日ほど毎日手入れが必要となる。この手入れの煩雑さから、一般家庭、とくに若い世代の家庭や単身者にはなかなか浸透しにくい側面をもっていた。当社の「発酵ぬかどこ」は、抗菌性の高い乳酸菌や酵母を使用し、あらかじめ発酵させている。発酵の力により週に1回程度のかき混ぜでも雑菌の繁殖がきわめて少なく、発酵による風味の高いぬか漬けが楽しめる。

また、同姉妹品「発酵ぬかどこ燻製風味」は、通常のぬか床と比較して黒っぽいのが特徴。「発酵ぬかどこ」に、香ばしく燻製された大麦と燻製エキスを合わせており、手軽に燻製風味が味わえる。

商品紹介

**発酵ぬかどこ**

みたけ食品工業(株)
☎048-441-3420

2005年に発売したロングセラー商品。ジッパー付きの袋にそのまま野菜を漬けられ、別容器も不要。

# ビーフン

コメと加工　　ケンミン食品㈱

## コメを主原料にしためん市場

### ビーフン市場

ビーフンを中心としたコメを主原料にしためん市場は、近年大きく拡大している。原料のほとんどが海外からの輸入品（最大手ケンミン食品は自社タイ工場で生産したものを輸入）のため、市場の目安は通関統計（財務省）の数字となり、このカテゴリーの輸入量が2000年は4,556 tだったのに対し、22年は1万160 tと、2倍以上拡大した（図表1）。東南アジアへの旅行者の増加にともなうエスニック料理人気に加え、原料がコメでしかも野菜と好相性といった健康性などが要因となっている。直近では、SNSを通じてエスニック料理メニューが紹介され、巣ごもり需要で手作り派が増えたことや、コメそのものへの関心の高まりも追い風となっている。

図表1　コメを主原料にしためんの輸入量

資料：財務省「貿易統計」

同時に、ケンミン食品は地道な普及活動を行っており、長年食後血糖値の上昇が緩やかな低GI食品として、エビデンスに基づき訴求してきた。また、近年強化している手軽に野菜を食べるなら、「焼ビーフン」が根づくマーケティング戦略として、カット野菜と合わせてレンジアップする専用商品の発売や、企業コラボによる豆苗やピーマンなどとの生鮮連動を強化し、ウィズコロナの健康志向や家庭内食傾向が後押ししている。

## ビーフンの歴史

ビーフンとは、中国語で「米粉（ミーフェン）」と書く。字のとおりコメを主原料にしためんで、中国や台湾、ベトナムやタイなど長粒種のインディカ米を栽培する東南アジア諸国で日常的に食べられている食材だ。かつての日本人はコメを粒で食べるだけで、粉に加工して麺を作るという発想がなかった。だから一般の人がビーフンを食べたのは戦後になってからで、当初は大陸からの引き揚げ者が多い九州や神戸中心の西高東低型市場が形成された。全国に普及したのは近年のことだ。

わが国のビーフンの歴史は、戦後間もなく、ケンミン食品など複数社が製造販売開始したことに端を発する。アジアでビーフンの味を憶えて引き上げてきた人々の間で「もう一度ビーフンを食べたい」という要望に応えてのことだ。めんの形態も、生から保存性のよい乾めんへと移ったが、家庭用では調理に手間がかかるうえ、新しい食材だけに適切な味付け方法がわからないこともあり、なかなか定着しなかった。

そこで、ケンミン食品は家庭用での普及を願い 1960 年、調理が簡単な「即席焼ビーフン」を商品化。味を吸収しやすいコメの特性を利用して、あらかじめめんに味を付けると同時に、湯戻し不要、フライパン一つで簡単に調理できるなど高い簡便性を実現。86 年には、簡便性をいっそう高めた冷凍ビーフン、97 年にはチルドビーフンと、調理後経時劣化の少ない惣菜・弁当用ビーフンが発売され、幅広いチャネルで普及が加速化していった。

## 市場動向

直近の動きでは、ビーフンにとどまらないアジアの米めん人気が高まっている。象徴する動きが 2022 年春の香港・人気スパイスヌードルチェーン「譚仔三哥米線（タムジャイ サムゴー ミーシェン）」の日本初上陸だ。手掛けるトリドールホールディングスは1号店の新宿中央通り店を皮切りに、2号店の吉祥寺店、3号店の恵比寿店と出店し、24 年3月の 25 店舗体制構築に向け、出店準備を急ピッチで進めている。

企業別ではケンミン食品の 22 年輸入量が、前年比 22.2%増の 4,848 tとなり過去最高を更新。基幹商品「焼ビーフン」の簡便調理が普及し、同品が同 19%増とけん引した。さらに、グルテンフリーへの関心の高まりから「ライスパスタ」が同 11%増で過去最高。直近の 6 年間で 126%増と、急速に成長した商品だ。

多様なエスニック商材を展開するユウキ食品は 22 年、フォーが業務用を含め金額ベースで前年比 22.6%増。20 年にベトナムのロックダウンで商品供給が止まった影響で、21 年は同 7.8%増にとどまったが、22 年は供給が安定し 20%を超える伸び率となった。加えてブンも、21 年に同 38.9%増となり、メニュー拡大がうかがえる。韓国でブームのフォーを使った「サルグクス」が、日本でも広がっていることも良い例だ。

その一方で、ビーフンやフォーはグルテンフリー食品でもあり、ケンミン食品はこの国内外市場獲得を目指し 22 年、ビーフンにとどまらないライスヌードル事業に本格参入した。まず、グルテンフリーのお米のラーメンと焼そばを相次ぎ発売し、近々うどんを投入する計画だ。背景に、世界のグルテンフリー市場は米国や欧州を中心に拡大し、24 年には約 100 億ドルに達すると試算（農林水産省）されることがある。対象は、アレルギーやセリアック病、グルテン過敏症などの人だが、近年では健康に良いという認識やダイエット目的で購入する消費者も増加しており、大きな可能性を秘めている。

**ケンミン焼ビーフン 鶏だし醤油**

ケンミン食品㈱
☎078-366-3036

1960 年生まれのロングセラー商品。味付けタイプで、簡単に調理できるノンフライめん。

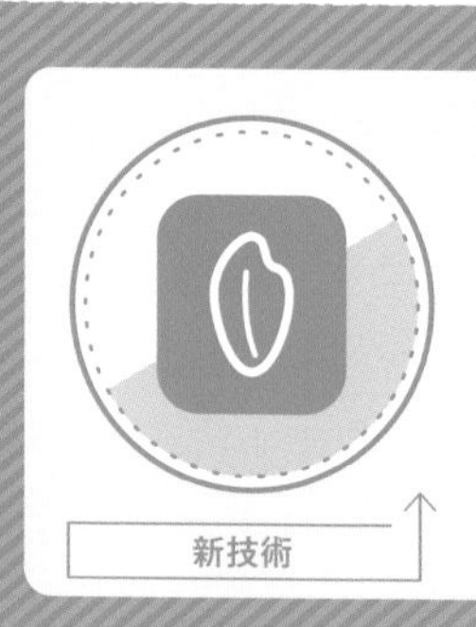


# 包装容器

コメと加工

# 包装容器から見たパックごはん

（一社）日本食品包装協会※

※理事長　石谷孝佑

## はじめに

「パックごはん」は「無菌米飯」ともいうが、正しく言うと「無菌化包装米飯」である。「無菌化」という言葉は聞きなれないと思われるが、「無菌にしようと思ってもなかなか無菌にするのが難しい」固形食品を（商業的な）無菌状態の包装製品にしようとすることを意味している。

「無菌化」（Semi-Aseptic）という言葉は、㈱クレハ元研究所長の横山理雄先生の命名である。これが液体食品であれば、熱交換器で高温のチューブを通して簡単に高温殺菌で無菌にすることができ、無菌充填包装（Aseptic -Filling Package）の飲料を作ることができるが、固形物では、そうはいかない。現在では、スライスハムやスライスチーズなどの無菌化包装食品が製造・販売されているが、完全には無菌にできないため、畜産製品であれば低温流通で、米飯やもち・半生菓子類などでは脱酸素剤・脱酸素容器などが必要になる。

## 飲料の無菌充填包装と固形食品の無菌化包装

液体食品の無菌充填包装技術といえば1951年にスウェーデンで開発されたテトラパックであり、紙容器が使われた。翌52年には日本に技術導入され、55 ~ 56年には学校給食用の牛乳などに三角形（正四面体）のテトラパックが用いられた。無菌充填に使われる熱交換器は、戦後間もない

1949年にアメリカからすでに導入されている。

飲料の無菌充填では比較的容易に商業的無菌状態を作ることができるが、固形食品の無菌化はそれほど簡単ではない。まず、食品自体の無菌化が必要であり、次いで包装過程での二次汚染を防ぐことが必要であり、さらに残存する微生物の増殖を防ぐことが必要である。

無菌化包装米飯が上市される前に上市されたのが無菌包装もちである。現在の包装もちは、カビの生育を防ぐために脱酸素剤とガスバリアー包材（バリアーナイロン）が使われているが、無菌包装もちが上市されたのは1976年で脱酸素剤が上市される77年の前年である。それゆえ、無菌包装もちの開発はガス置換包装を前提としており、大変であったことがうかがえる。

もちの包装に使われる包装資材から見ると、1957年に耐熱性があり異臭のないポリエステル（ポリエチレンテレフタレート）フィルムが上市され、その袋に搗きたてのもちを入れて板状に伸してから加熱殺菌する「板もち」が開発された。この製品が上市されたのは64年である。板もちは画期的で、お正月にしか食べられなかったもちが一年中いつでも食べられるようになった。しかし、板もちは製品の水分が均一であり、みそ汁などに入れると表面が溶けたり、腰や粘りが弱く、もちとしての美味しさがあまりないというのが最大の欠点であった。

そこで、切りもちをできるだけ長く保存したいという願望に、私たちもいろいろチャレンジした。その後、切りもちをナイロン袋で真空包装する製品が上市され、裸では5日程でカビが生える切りもちが、2週間ほどカビが生えずに日持ちした。私たちはこれを「密着効果」と称した。

そののち、1976年に「無菌包装もち」が佐藤食品工業所（現サトウ食品）から上市された。この技術を開発したのは米どころ新潟県の食品研究所である。同研究所はコメを原料にした製品の研究開発では日本を代表するところで、斎藤昭三先生という有名な所長がおられた。板もちを開発されたのも斎藤先生で、抗菌性のある甘味料のグリシンをもちに少量添加したのがミソであった。

新潟県食品研究所が「無菌包装もち」の開発に取り組んだのは、まず、

図表1 包装切りもちの保存性

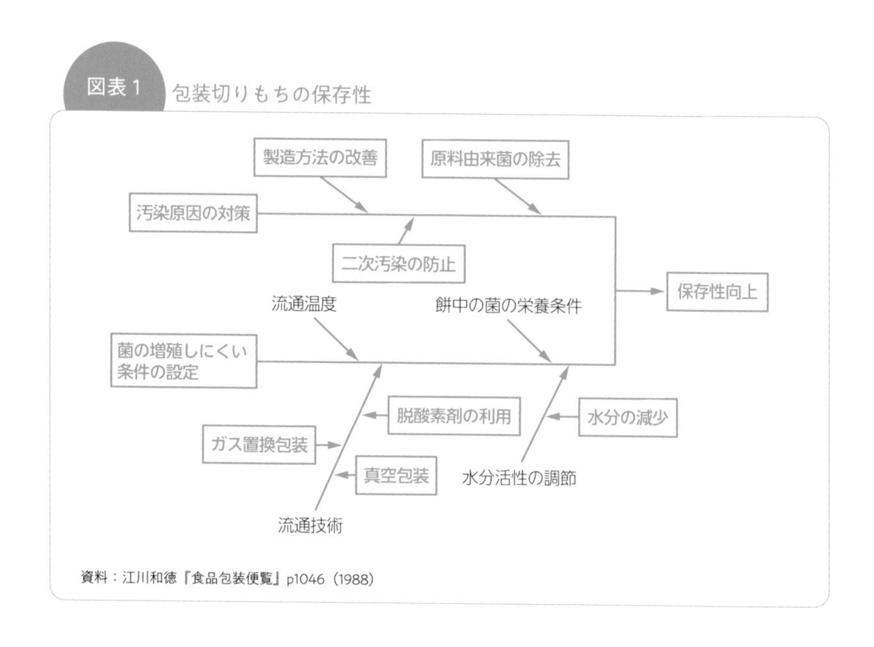

資料：江川和徳『食品包装便覧』p1046（1988）

もちに生える微生物の研究からである。もちの微生物は、①とり粉から来る乳酸菌、②土壌からの汚染であるシュードモナスとエルビニア、③土壌由来の耐熱性細菌である枯草菌（バチルス・ズブチリス）である。①②は、汚染源を断ち加熱殺菌すると解決できるが、③は耐熱性のため、原料のコメから取り除く必要があった。そこで、搗精段階を変えてバチルスの残存菌数を見ると、搗精歩留りが88%以下で耐熱性菌がいなくなることを見出し、搗精度を段階的に上げて耐熱性菌数をゼロにする方法が開発された。また、古米になると耐熱性細菌が増えることも明らかにした。これによって、耐熱性菌のいない新しいもち米を蒸して細菌汚染のないもちを作り、無菌の包材を使い無菌環境下で包装することにより無菌包装もちを生産する技術（図表1）と、一つひとつ個包装し、これを大袋に入れる包装もちが開発された。図表1では、無菌包装もちや無菌化米飯の技術開発がよく説明されている。

この技術がベースになり、ハイバリアー包材（KOP）の袋に脱酸素剤を入れる形の包装もちが80年代以降たくさん市販されるようになり、本格的に年間を通して美味しい切りもちが食べられるようになった。

## 無菌包装米飯の開発

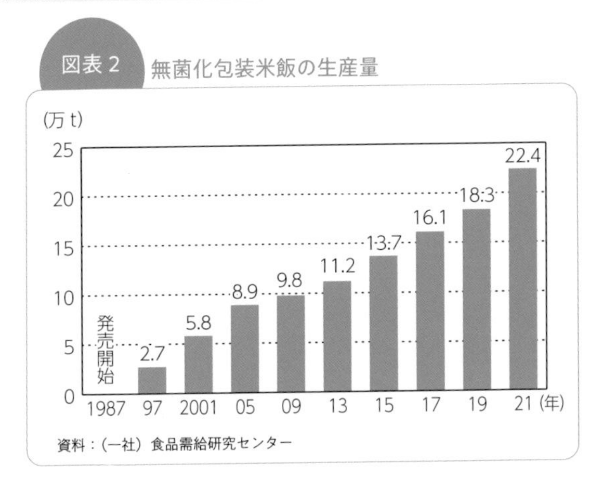

図表2 無菌化包装米飯の生産量

資料：(一社) 食品需給研究センター

耐熱性菌のいないコメを小さな釜で炊飯し、無菌になった米飯を無菌環境下で包装するシステムが開発され、パックごはん（無菌化包装米飯）が上市されたのは1987年であり、無菌包装もちの上市から約10年の歳月が経過している。最初に無菌化包装米飯を発売したのは無菌包装もちを上市した佐藤食品である。バリアー性のプラ容器に脱酸素剤が入っている形態で、脱酸素剤を除いてから電子レンジで加熱する。それが、89年に酸素を吸収する脱酸素容器（オキシガード、東洋製罐）が開発され、今では電子レンジ加熱の前のひと手間もなくなった。今日も、その美味しさと保存性が担保されている。

その後、越後製菓、エスビー食品、テーブルマーク、東洋水産など、多くのメーカーがこの市場に参入し、新しい製造法も次々と開発され、商品も、白飯はもとより赤飯、玄米、雑穀入り、もち麦入り、かゆ製品、ダイエット食や病態食などにも普及し、製品の多様化が進んでいる。

便利で、美味しく、いつでもどこでも食べられ、災害用のローリングストックにも使えるパックごはんは、コロナの巣ごもり生活時代になり、国内でも売上げを伸ばしている（図表2）。

## 賞味期限を延ばす技術開発

近年、訪日外国人が多くなり、日本の美味しいごはんが知られる機会が増え、海外からも引っ張りだこになっている（図表3）。ここで問題になるのは、パックごはんの賞味期限である。透明なバリアー包材を使っている場合には、ハイバリアー包材EVOH（エチレン・ビニルアルコール・コポリマー）の水蒸気透過により重量が減少する。日本の気候では、冬場の一時期を除いて平均湿度は70～80%で、冬場には50～60%にもなる。こうなると、水分活性の高い米飯は、包装を通して常に水分が逃げて重量が減少することになる。実は、パックごはんの賞味期限を決めるのはこの重量減少であり、ごはんを加熱したときの水分不足によるパサつきである。ということから、現状の10カ月～1年からできれば1年半位まで賞味期限を延ばす必要がある。そこで必要になるのは包装改善であり、水蒸気透過性の少ないセラミック蒸着系の透明包材を用いる技術が開発されている。こうすれば、時間のかかる輸出のサプライチェーンのなかでも賞味期限内に食べてもらうことができる。

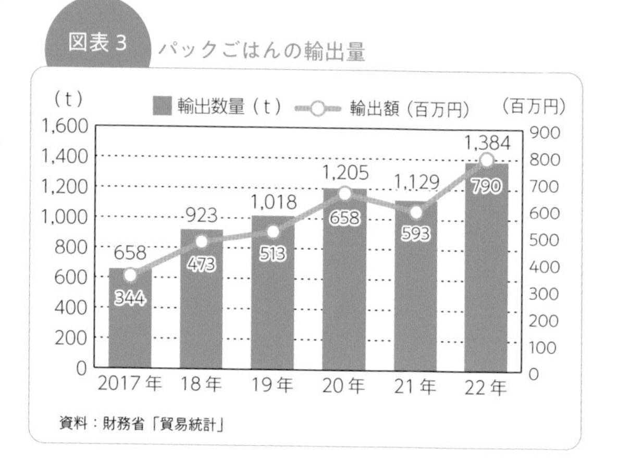


2022年の輸出量は1,384 t、輸出金額は約8億円である。輸出先はアメリカがもっとも多く、次いで香港・台湾で、ASEAN諸国や欧州にも輸出されている。賞味期限がさらに延長されれば、また、生産体制が増強されれば、さらに輸出が促進され、日本の美味しいコメの用途がいっそう拡充されるものと大いに期待される。

〔引用文献〕
1) 江川和徳『包装切り餅の保存性』食品包装便覧 p1046-1058（1988）
2) 田辺利裕『無菌包装米飯』包装技術便覧 p237-241（2019）
3) 農業協同組合新聞「パックごはんの輸出好調」（2023年2月）

# 精米機

コメと加工　㈱サタケ

## 精米機の変遷と今後の方向性

日本で初めて動力式の精米機が開発されて120余年が経つ。何気なく食されている白米は、精米機なくしてはありえない日本人の主食である。縄文時代後期に日本に稲作が伝来して以来、精米の技術はさまざまな変化や進化を遂げてきた。ここでは、主に動力式精米機の変遷と今後の方向性について紹介する。

### 精米機の精米作用

#### ⑴ 基本構造

基本構造は、精米機の技術発達の程度により古代精米技術時代と近代精米技術時代に区分される。古代精米技術時代は動力を持たない人力による臼や杵などを用いて精米が行われていた（図表1）。それに対し近代精米技術時代では、精白室を有し、原則として人力以外の動力による精白転子と固定子による精米作用で精米が行われている。

図表1　古代と近代の精米技術

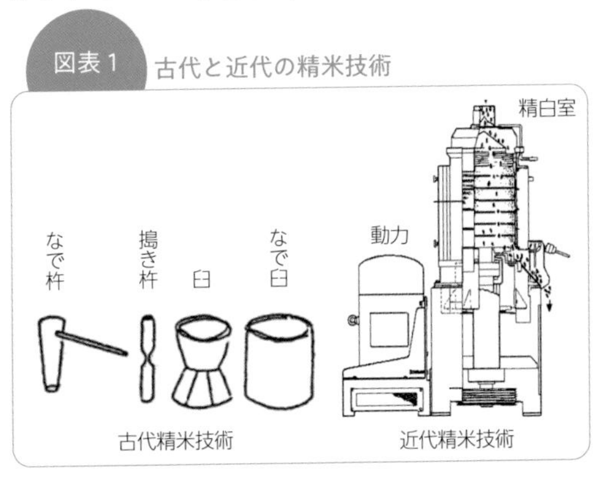


#### ⑵ 精米作用と分類

精米機は、作用的に精白転子の周速度で大きく低速系と高速系に分類される。図表2のように、周速度600m/分をその境界とした。2つに大きく分類した低速系と高速系のなかで、研削に連なる切削の区分をとくに小分類の中速系として取り扱い、さらに細かく分類することもある。

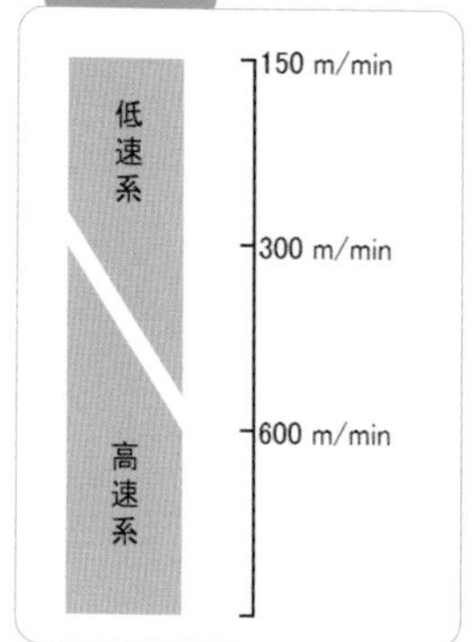

図表2 精白転子周速度の分類

### ⑶ 精米機の歴史

最初に出現した近代精米機は1860年頃、英国で開発された砥粒を使って精米する下送竪型研削式精米機（高速系）が、ダグラス＆グラント社で開発された（図表3）。英国でミャンマーの長粒種用に開発された研削ロールと金網で精白室が構成されており、これが精米機の原形であり、起源と考えられている。

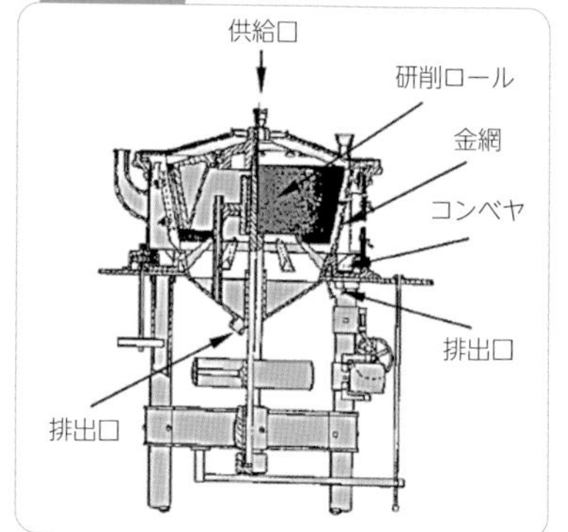

図表3 ダグラス＆グラント精米機

1888年には、米国で鋼鉄製の円筒状の精白胴とその外周を金網で構成した横型摩擦式精米機（低速系）がエレヴァリスト・エンゲルバーグによって開発された（図表4）。1台目で籾から玄米に、2台目で玄米から精白米に仕上げる2台連座で構成された。原型はコーヒーの皮剥き機といわれている。

日本では、1896年に臼と杵を連動し、往復運動で押圧して精米する「4連唐臼搗精機」がサタケ創業者の佐竹利市によって開発された（写真1）。

また、佐竹利市は1908年に、精白筒を金剛砂としその内部にらせん精白ロールを構成した構造の下送竪型の循環式精穀機を完成させ、これまでの精米で成し得なかった高度精白を実現した。これにより、広島県西条の地で軟水酒造技術が脚光を浴び、吟醸酒誕生のきっかけとなった。30年には、円盤状に金剛砂を焼成したロールを用いた研削作用に優れた「竪型研削式精米機（C型）」（写真2）が開発され、さらなる精白歩合の高度化（40%精白）が可能になった。

図表4　エンゲルバーグ精米機

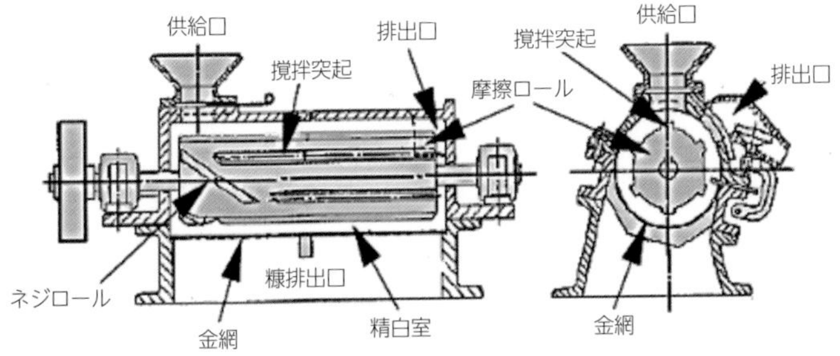

供給口
排出口
撹拌突起
摩擦ロール
ネジロール
糠排出口
金網
精白室
供給口
撹拌突起
排出口
金網

写真1　4連唐臼搗精機

写真2　竪型研削式精米機（C型）

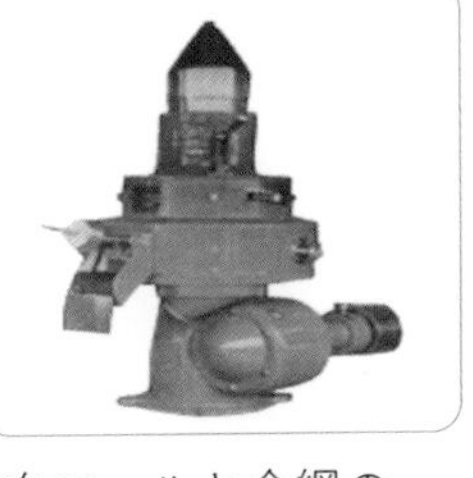

写真3　噴風式摩擦精米機（パールマスター精米機）

飯米用には1955年に精白ロールと金網の間にコメを充満させて撹拌する粒々摩擦と、噴風により、ぬかを瞬時に排除する機構を備えた「噴風式摩擦精米機（パールマスター精米機）」がサタケによって開発された（写真3）。これにより、摩擦作用を補助するために行う石灰（炭酸カルシウム）の混合が不要となり、国内だけなく海外にも普及することとなった。その後、精米施設の大型化を求める声が高まり、61年に研削式精米機と摩擦式精米機を一つの工程に構成した「コンパス精米機（コンビネーションワンパス）」を開発した（写真4）。

写真4　コンパス精米機（コンビネーションワンパス）

これらの基礎的な精米技術が今日の開発機種の礎となっており、時代に沿ってさまざまな改良や発展を遂げてきた。

## 研削式精米

研削式は図表５に示すように、切刃（研削ロール）に米粒が接触することにより、主に切削作用で玄米のぬか層をきわめて微細に削り取る。研削式精米装置のロール周速度は600m/分以上である。

図表５　研削式精米作用

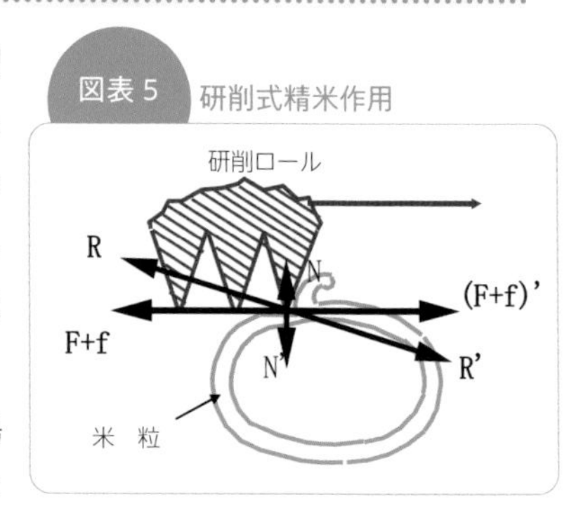


原料の砕粒発生率は、短粒種の場合は精米歩留が進んでも変化が小さいが、長粒種の場合は逆に増加する。また、回転数（周速度）の増加によりさらに砕粒が増加する。これは回転数増加により衝撃等の作用が加わるためとみられる。

## 摩擦式精米

摩擦式は、図表６に示すように米粒間に圧力を加えて撹拌し、摩擦力・擦離力を生じさせて玄米のぬか層をはぎとっている。摩擦式精米機のロール周速度は300m/分以下である。

図表６　摩擦式精米作用

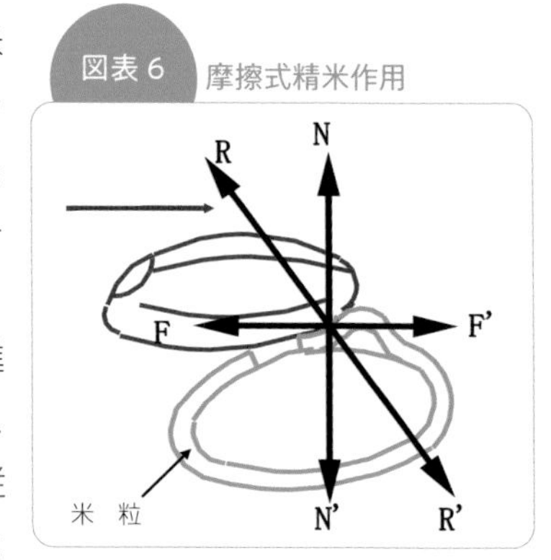


原料が短粒種の場合、精米歩留が進んでも砕粒発生率の変化が小さいが、長粒種の場合、精米歩留が進むに従い、砕粒発生率が増加する。研削式と比較すると砕粒発生率は短粒種・長粒種を問わず多い傾向にあるが、能率が良いため原料により適正な選択が求められる。

摩擦式精米機は、米粒間の圧力調整がスムーズに行える構造を有しており、高能率の精米（短時間で圧力を加えられる）を行うことができる。また、近年の最新機種「ミルコンボ」は摩擦搗精部を３つ連ねた摩擦三段式となっている。これは精米圧力の集中を防ぐ「圧力分散精米」によりコメへの圧力負荷を抑え、高品位米や粒感を維持するためである。

## 研削・摩擦併用式精米

短粒種の研削・摩擦併用式精米の基本となったコンパス式精米システムを図表７に示す。これは３連座方式における組み合わせとして、１番機に研削式精米機、２、３番機に摩擦式精米機を配置している。各番機には搗精圧力を自動的に制御する自動分銅装置が装備され、適正な精米割合に調整できる。

研削式による低い砕粒発生率と、摩擦式による高い能率を組み合わせることで、目的とする精米歩留への加工が高性能（高能率・低砕粒）にできる。歩留の向上を求める場合は、主に精米比率の調整によって行うが、研削部の精米比率は20％が適正である。

図表７　併用式精米装置 コンパス式精米システム

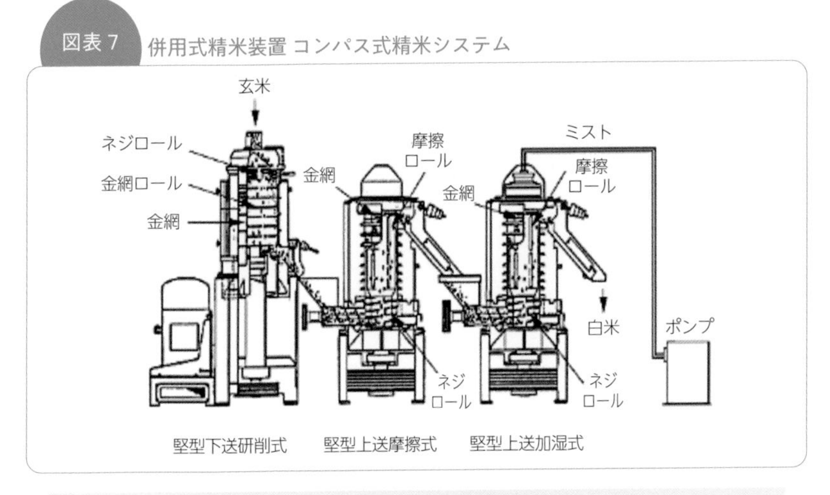


## 今後の精米機（精米設備）の方向性

昨今、精米工場の人材不足や労働時間の短縮による運営難、中食・外食の要求品質の高度化など、精米工場を取り巻く環境が厳しさを増している。これらの課題や情勢に対応すべく、当社は自動化・省力化、品質担保とリスク分散（故障の未然予知など）、環境負荷を低減することでSDGs（持続可能な開発目標）の達成への貢献の３項目を開発コンセプトとしている。

写真5 次世代精米ユニット「MILSTA」

自動化・省電力化を図るため、各種センサ、ネットワーク化（無線化）、IoTなどを活用している。当社では、白さセンサを用いて精米後の白さを常時監視する「白さ自動制御装置」を次世代精米ユニット「MILSTA」（写真5）に搭載し、精米機の自動運転化に取り組んでいる。今後は、残芽や砕米などを感知できるセンサを開発していくことで、それらのデータを一元化し、AIを用いた精米機の自動運転化を目標としている。

品質担保とリスク分散としては、精米FAシステム、工程監視システムを連携させたネットワークシステムの開発が必要となっている。精米工場の生産計画に基づき、各工程での稼働指示、稼働履歴管理、監視を行うことで、品質の安定化や機器の故障未然予知、省力化を図る。

また、精米工場から排出される副産物の有効活用や$CO_2$排出量の削減を図っていく。当社では、無洗米製造装置MPRP36Aから排出される洗米副生水を液体飼料（リキッドフィード）として利用している。このような農畜連携による食品リサイクルループを構築し、環境負荷を低減することでSDGsに取り組んでいる。今後は、洗米副生水をメタン発酵によるバイオガスを利用した発電原料とすることで、$CO_2$排出量の削減を推進していくことを目標としている。


商品紹介

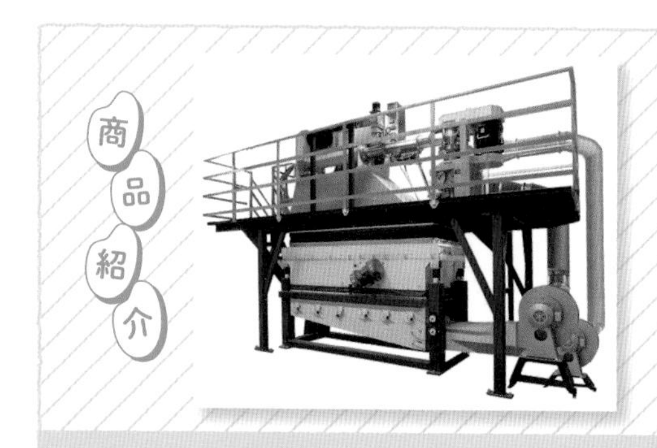

MPRP36A

㈱サタケ
☎082-420-8549

超微小気泡「UMB水」や「マルチパス方式」などを採用し、食味向上や$CO_2$排出量削減を実現。

# 炊飯器

コメと加工

パナソニック㈱※

## ごはんのおいしさを極める炊飯器の技術開発

※くらしアプライアンス社　加古 さおり

### 炊飯器の歴史

自動電気炊飯器が日本で最初に発売されたのは 1955（昭和 30）年。当時、台所労働を軽減する機器として急速に一般家庭に普及したが、そのごはんのおいしさは火力が弱いためガス加熱より劣るといわれていた。

しかし、1988 年に釜自体が発熱して熱源になる IH（インダクションヒーティング・電磁誘導加熱）式炊飯器が発明されたことで、ごはんの食味が画期的に向上する。以来 35 年、炊飯器といえば IH 式が主流になり、国内外の数多のメーカーが技術に工夫を重ね、炊きあがりのおいしさを競っている。

その一方、機能が飽和状態で、おいしさの本質に何が関わっているか伝わりにくくなっている。本稿では、消費者のニーズの変化とともに進化してきた炊飯器の技術について、主に家庭用炊飯器の開発事例をもとに紹介する。

### かまどの炊き技が語る おいしさ実現の要素

嗜好に合ったおいしいごはんを実現するには、素材としてのコメの特性を理解した上で、目標とする性状・食味を実現する調理を行うことが必要である。すなわち炊干し法の炊飯においては、コメに吸水させたのち、煮る・蒸す・焼く の加熱操作を連続して行うことである。これに関しては、日本各地に伝承されている唄にそのノウハウが集約されている。

「はじめチョロチョロ 中パッパ ブツブツ言う頃火を引いて 一握りのワラ燃やし 赤子泣くともふた取るな」

つまり、はじめの火おこしの状態でコメの芯まで水を吸わせ、その後一気に沸騰させる。噴いてきたら加熱を控えて粒の中までやわらかくし、最後に追い炊きをして余分な水分を飛ばす。そしてこの一連を釜の中を見ずに火加減すること、という意図が込められている。これこそが、日本人がコメを自らの好むやわらかいごはんにするために考え、口々に伝えてきたことである。

## かまどの炊き技を再現する 制御技術

現代の炊飯器においても、炊き方にはこのかまど炊きの言い伝えが踏襲されている。図表1は、一般的なIH式炊飯器の構成で、図表2は炊飯器でごはんを炊くときの火力コントロールの図である。内

図表1 IHジャー炊飯器の基本構成

図表2 炊飯器でごはんを炊くときの火力コントロール

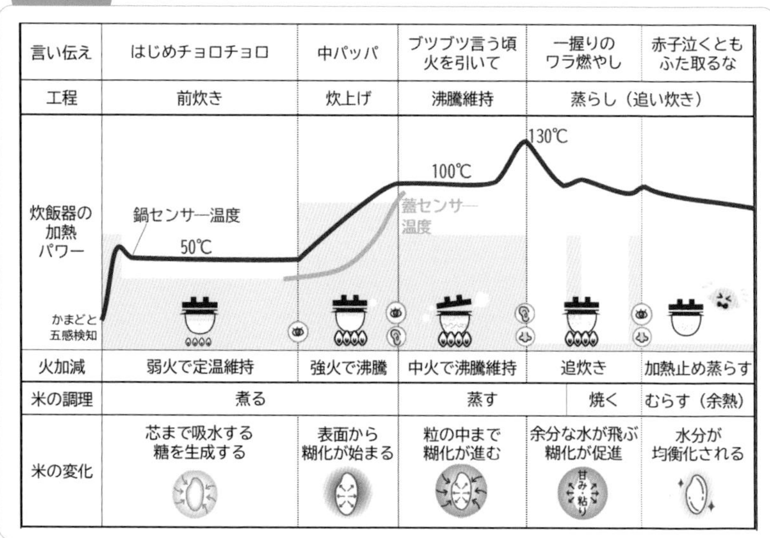

| 言い伝え | はじめチョロチョロ | 中パッパ | ブツブツ言う頃火を引いて | 一握りのワラ燃やし | 赤子泣くともふた取るな |
|---|---|---|---|---|---|
| 工程 | 前炊き | 炊上げ | 沸騰維持 | 蒸らし（追い炊き） | |
| 炊飯器の加熱パワー | 鍋センサー温度 50℃ | | 100℃ 蓋センサー温度 | 130℃ | |
| かまどと五感検知 | | | | | |
| 火加減 | 弱火で定温維持 | 強火で沸騰 | 中火で沸騰維持 | 追炊き | 加熱止め蒸らす |
| 米の調理 | 煮る | | 蒸す | 焼く | むらす（余熱） |
| 米の変化 | 芯まで吸水する糖を生成する | 表面から糊化が始まる | 粒の中まで糊化が進む | 余分な水が飛ぶ糊化が促進 甘み 粘り | 水分が均衡化される |

釜の底と蓋に備えた2つのセンサーが温度を検知しながら、マイコンが条件に合わせて火力を制御している。このように技術が人間の五感を代替することで、いつだれが炊いても失敗なくごはんが炊けるのである。

以下、それぞれの工程のポイントについて説明する。

**① 前炊き（吸水）**

デンプンが糊化するのに必要な水分を、コメの芯まで吸収させる工程。水温を糊化温度以下である約50℃に保持すると、20分程度で飽和吸水状態に達する。さらに、コメに含まれる液化・糖化酵素が活性化し、デンプンをグルコースに分解することで甘みが増す効果もある。

**② 炊上げ**

釜内を一気に昇温させることで、糊化を開始させる工程。炊き水が米粒の間を強力に対流して一粒一粒に熱を伝え、加熱ムラを抑える。また、蓋センサーが沸騰を検知するまでの時間を測定することで炊飯量を判定している。

**③ 沸騰維持**

沸騰後、炊飯量に応じて火力を抑え、緩やかな沸騰状態で粒の芯まで糊化を進める工程。底センサーが釜底温度の上昇によりドライアップを検知したら工程を終了する。

**④ むらし**

遊離水を吸収し、さらに、糊化と水分の均一化を促進させる工程。ここで釜内温度を下げないことが粒を膨らませるために重要である。さらに、追い炊きで余分な水分を蒸発させるとツヤとハリのあるごはんになる。

## かまど炊きを超えるおいしさを実現する要素技術

日本人のごはんのおいしさへの追求は尽きることがなく、前述の各炊飯工程で最適加熱を行うためにさまざまな技術が開発されてきた。

ここではIH炊飯器に搭載されているおいしさを向上させるための技術・機能について、代表的なものの目的と働く工程、またその動作を説明する。

**◇釜形状・素材：全工程**

IH加熱の場合、釜の素材は電気抵抗により発熱することが必要条件である。発熱効率の良いステンレス鋼と伝熱のためのアルミニウムなどの金属を圧着したクラッド材が一般的だが、これに断熱性の高いセラミック塗装を施したものや、陶器の底部に発熱体を組み込んだ土鍋釜、発熱性のある炭素材料を削り出した炭釜など、さまざまな素材の釜が開発されている。

しかし、炊飯において重要なのは釜の素材ではなく、工程ごとに調理物であるコメに最適な熱量を与えることであり、これを実現するためには「熱しやすく、冷めにくい。さらに御しやすい」釜が最適といえる。

**◇対流制御：前炊き（吸水）、炊上げ**

鍋形状に応じて複数の底コイルを配置し、コイルへの入力を自在に切り替えることで対流を発生させ、釜内を素早くムラなく設定温度に到達させる。釜内を沸騰させるときも同様で、ムラなく炊き上げるための基本となる制御。

**◇センサー：全工程、工程移行**

一般的には、本体底あるいは側面に配して釜の温度を検知する底センサーと、蓋の内部で蒸気温度から沸騰を検知する蓋センサーの２カ所で釜

図表３　コメの鮮度の見極めと炊き分け方法

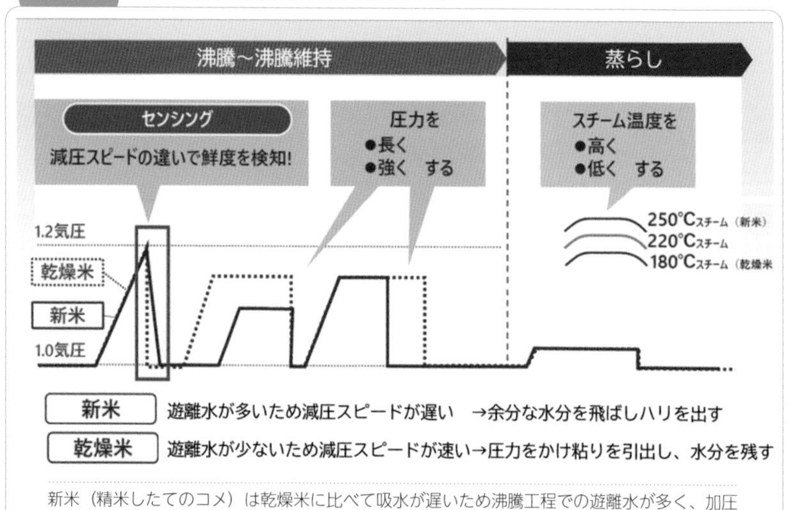


新米（精米したてのコメ）は乾燥米に比べて吸水が遅いため沸騰工程での遊離水が多く、加圧後の減圧スピードが遅くなる。その差を圧力センサーで検知し、コメの鮮度を見極める。

内の炊飯物の温度をモニターし、工程移行と加熱を制御している。

**◇酵素活性温度制御：前炊き（吸水）**

釜内の温度を細かく検知し、コメに内在する酵素の活性温度帯を一定の時間を保持して昇温させることでデンプンからはオリゴ糖や単糖、タンパク質からはペプチドやアミノ酸が順次生成し、ごはんの甘みやうまみを増す。

**◇加圧炊飯：炊上げ、沸騰維持**

沸騰時に微圧から1.2気圧程度に加圧し、沸点を上昇させ糊化を促進する。糊化デンプンの構造の変化によりモチモチした粘りが得られるため、ごはんの食感の炊き分けにも応用でき、さらに糊化の短時間化も期待できる。

**◇圧力センサー：炊き上げ、沸騰維持**

圧力式炊飯器では圧力センサーが設けられ、釜内の圧力をリニアに測定することで炊飯中にコメの鮮度（水分量）を見分けられる（図表3）。

**◇減圧沸騰：沸騰維持**

加圧中に急激に圧を抜くことで釜内が減圧沸騰状態になり、底から気泡が沸き立つ。この強力な対流で釜内の温度ムラをなくし、ごはん一粒一粒に熱を伝え、粒立ちの良い炊き上がりになる。

## 産地と連携し食味を実現する銘柄炊き分け

以上のようなおいしさを引き出すための要素技術が揃っていても、「コメをいかに炊き上げるか」の目標がないと使いこなすことはできない。

生産量がもっとも多く、良食味米の代表「コシヒカリ」を例にとると、「粘りと甘みが強い、噛み応えのあるごはん」を目指し、高温を維持して炊き上げている。しかし現在、全国には250種以上の良食味の産地銘柄米があり、それぞれが「コシヒカリ」とは異なる食味特徴をうたっている（図表4）。たとえば、「コシヒカリ」に適した火加減で低アミロース米の「ミルキークイーン」を炊いた場合、粘りが出すぎて粒がべたつき、バランスが崩れてしまう。ミルキーのつやと甘みという持ち味を良い方向に引き出すには、その銘柄に応じた熱の与え方が必要なのである。

そのため「銘柄炊き分け」として、コメそれぞれ特徴を引き出すように各工程の温度、時間、火力、また加圧強度や加熱時間を最適化して炊き上

パナソニック炊飯器 63 銘柄食味特性チャート

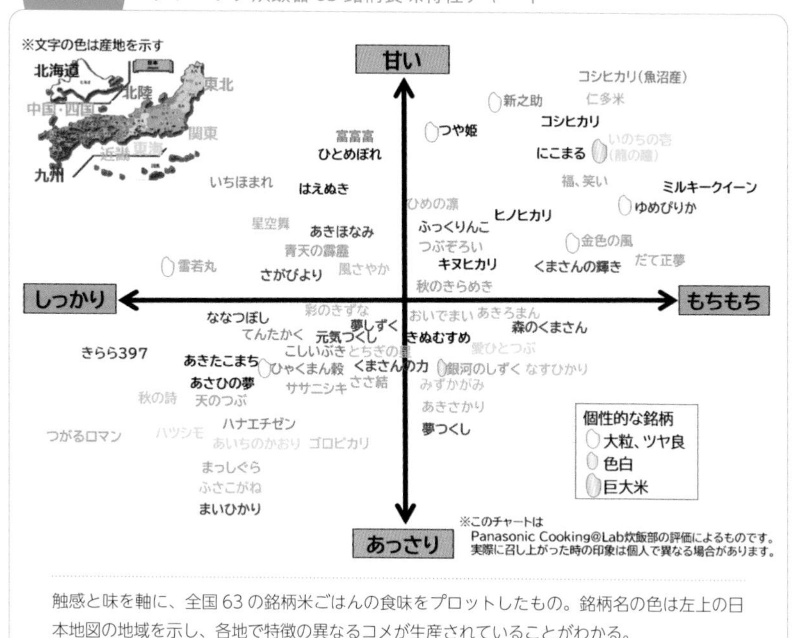


触感と味を軸に、全国 63 の銘柄米ごはんの食味をプロットしたもの。銘柄名の色は左上の日本地図の地域を示し、各地で特徴の異なるコメが生産されていることがわかる。

げる機能をもつ炊飯器がある。

当社では全国 69 銘柄に対応し、新規開発で各産地の育種担当者や生産者とともに狙いの食味を定めて、炊き方の検討を行っている。その結果、作り手が伝えたいおいしさがお客様にそのまま届くように取り組んでいる。

## 新たな価値を提供する 自動計量炊飯器

おいしさの追求の一方で、生活の変化により日々の食卓にも時短・簡便化が求められるようになった。手軽な加工食品や冷凍食品が普及する一方で、炊飯には 1 時間程度必要で、食べたいときにすぐに炊きたてごはんが準備できないために、パックごはんや冷凍ごはんの活用が伸びている。

しかし、再加熱ではない炊きたてのごはんを手間なく食べたいという声は根強い。これに応え当社が開発したのが自動計量 IH 炊飯器である。

本体上部に無洗米を約２kg入れられる米タンクと、水を約 600mL 貯められる水タンクを搭載し、自動でコメと水を計量し炊き上げる機器である。炊飯開始時にコメと水を合わせるため、タイマー炊飯での発酵したようなにおいの発生もなく食味が安定する。さらに専用アプリから遠隔操作で希望の時間に炊き上げるように設定できるため、急な予定の変更にも対応が可能で、フードロスの削減にも期待できる。

この機器は、「タイパ家電（タイムパフォーマンス家電）」として、テクノロジーで時間や手間を省いて食卓を豊かにするという、これまでの炊飯器にはない新たな価値を提供する。

## 炊飯器は食卓のパートナー

以上、最近の炊飯器の技術について説明をしてきたが、これらの効果を最大限に生かしおいしいごはんを炊き上げるには、機器を正しく使う、つまり「コメと水を正しく量り、機器に従って炊く」ことが大切である。その食味をベースにさらに好みの炊き上がりになるよう使いこなしていくことで、炊飯器は食卓のパートナーとしての存在感を発揮するのである。

私たちパナソニックは、これからも食文化としてのごはんのおいしさを探求しつつ、お客様のニーズに対応した新しい提案を行うことで、日々の食卓に寄り添う機器を提案し続けていく所存である。



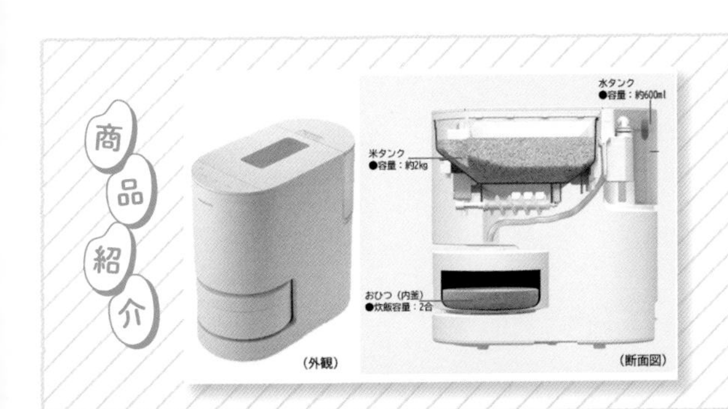


**自動計量
IH 炊飯器**

パナソニック㈱
https://panasonic.jp/suihan/

炊飯量を選んでスタートすれば、米タンクと水タンクから自動で計量し炊き上げる。

広がる米粉の新規利用

# 大型工場稼働で小麦粉代替需要獲得へ

不安定な国際情勢で、食料安全保障への関心が高まるなか、海外情勢に左右されやすい小麦に代わる需要に安定的に応えようと、政府は2022年12月、自給可能な穀物であるコメを原料とした米粉の利用拡大に向けて、原料米生産から製粉、加工品製造、販売までの支援措置強化を打ち出した。国内需要も徐々に拡大し、21年米粉用米需要量は4万1,000 tと初めて4万tを超え（農林水産省調べ）、22年は4万3,000 tに達する見通しとなっている。

## 海外進出に向けた動き

コメ関連業界大手も、拡大する海外グルテンフリー市場獲得を視野に米粉への参入を始めた。米菓以外の食品事業展開を加速化する亀田製菓は22年7月、米粉パン事業などを展開するタイナイの全株式を取得した。さらに、神明ホールディングスは、20年に設立した「神明米粉」の製造工場が完成、コメ卸最大手ならではの調達・販売網を生かし、国内外に販売する体制を整えた。

海外進出では、群馬製粉が22年10月、パリで開催された欧州最大級の総合食品見本市「SIAL Paris」に出展。欧州諸国に広がるMochiブームを目の当たりにし、今後の戦略を練り始めている。

## 米粉のさらなる普及に向けた商品開発

米粉企業では、みたけ食品工業グループが22年9月、国内最大級の年間生産量5万tが可能な米粉生産設備を構築した。小麦粉より安価な1kg当たり90円台の価格対応を可能にすると同時に、安定した製品作りや潜在需要のある業務用プレミックスの一貫体制が可能になり、小麦代替米粉加工製品にも対応可能だ。同社と生産量を競う波里も23年、製粉ラインを増設中で製法の研究を進めている。みたけ食品工業と同レベルの価格が実現できる見通しで、米粉普及に弾みが付くことが期待される。

米粉製粉機メーカーの動きでは、西村機械製作所が、微粉砕かつデンプン損傷の少ない湿式気流粉砕機「スーパーパウダーミル」と、卓上型「フェアリーパウダーミル」(P143参照)を活用して、高付加価値型米粉ビジネスモデルを後押ししている。このうち「フェアリーパウダーミル」は、小型ながらもスーパーパウダーミルと同等品質の製粉が可能で、6次産業化による地域振興や農業活性化にもつなげている。たとえば、バウムクーヘン製造機械の不二商会と取り組み、地元のコメをその場で製粉して、バウムクーヘンを焼き上げる専門店が全国に拡大している。

一方、米粉専用原料米では従来、九州地区でパンに適した「ミズホチカラ」や、新潟県ではめんに適した「越のかおり」など、各地で加工適性や収量に優れた品種が開発され、生産拡大とともに加工品も多く誕生している。進化系新品種として、「笑みたわわ」が誕生し、ミズホチカラ同様、米粒がもろく細かな粒子の米粉になり、膨らみの良いパンが焼ける特徴がある半面、晩生のミズホチカラに対し早生で収穫時期が早く、栽培適地も関東以西と広い点で普及が期待されている。

商品開発も活発化している。家庭用では22年秋、パン作りに必須の「こねる」作業を不要とし、調理の時間短縮と難易度を下げたグルテンフリーパンミックス粉が誕生。健康志向商品では、玄米食専用巨大胚芽米品種「金のいぶき」の米粉が発売された。ビタミンEやGABAなどの機能性成分を多く含むほか、酸化や老化が遅く、最終製品を冷凍・解凍しても硬くなりにくい特徴がある。さらに、難消化性デンプンを、一般的なコメより約10倍も含むレジスタントスターチ米を使った米粉も発売された。血糖値の上昇抑制や大腸環境の改善効果が期待される。

# 米粉メーカーの動向

## 波　里

### 家庭用トップ商品

波里は、農林水産省公表の「米粉製品の普及のための表示ガイドライン」での「米粉の用途別基準」に沿って番号表示した商品をいち早く発売。売れ筋の「お米の粉」シリーズでは「①菓子・料理用」「②パン用」「③麺用」のなかから①と②の用途別表示を実施している。ECサイトでの販売も強化し、家庭での米粉普及に一役買っている。

## 群馬製粉

### 大きな反響得た微粉砕米粉

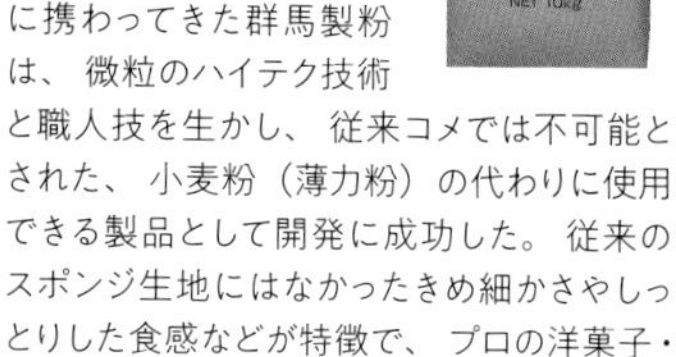

70年にわたりコメの粉砕に携わってきた群馬製粉は、微粒のハイテク技術と職人技を生かし、従来コメでは不可能とされた、小麦粉（薄力粉）の代わりに使用できる製品として開発に成功した。従来のスポンジ生地にはなかったきめ細かさやしっとりした食感などが特徴で、プロの洋菓子・パン職人に評価されている。

## 日の本穀粉

### 多様なパンの製造が可能に

穀粉最大手の日の本穀粉の米粉パンミックス粉「ふっくらベイク粉」は、ふんわりと軽い食感のパンが焼き上がる。同品は食パンなどに用いられる生地を型に流して焼成する製法だが、手・機械成形の新製法も開発し、グルテンを含まない米粉パンでは難しい丸型、デニッシュ、クロワッサンなど多様なパンが簡単に作れるようになった。

## 小城製粉

### 珍しい和菓子専用ミックス粉

鹿児島県の和菓子素材の老舗・小城製粉は「和菓子専用ミックス粉」シリーズを販売している。商品は「わらびもち」「かるかん」「いこもち」「大福」「だんご」5品で、プロ顔負けの人気の和スイーツが誰もが簡単に手作りできる。市場で珍しい小麦粉不使用の和のミックス粉で、製粉はもとより和菓子の製造・販売まで網羅する同社のノウハウを結集させた。

## 熊本製粉

### グルテンフリー米粉パンの品質を向上

九州最大手の熊本製粉が発売する「九州ミズホチカラ米粉」は、業界では珍しく原料品種を特定した全国流通米粉商品で、米国最大のグルテンフリー認証GFCOを取得している。従来の米粉でグルテンを配合せず、しっとりふんわり、ボリュームのあるパンを焼くのは困難だったが、これを可能にし、根強いファンをもつ。

## みたけ食品工業

### 使いやすさで普及

米粉大手みたけ食品工業の「米粉パウダー」は、微細製粉で、製菓製パンはもとよりさまざまな料理に利用できる特徴がある。国産米粉普及に先進的に取り組む中で、農林水産省公表の「米粉製品の普及のための表示ガイドライン」に沿って、グルテン含有量1ppm以下の「ノングルテン（Non-Gluten）米粉」認証を業界に先駆けて同品で取得している。

広がる米粉の新規利用

# 増粘剤を使用しない米粉100%パンの開発とメカニズムの解明

国立研究開発法人農業・食品産業技術総合研究機構 食品研究部門
食品加工・素材研究領域 食品加工グループ　矢野裕之

世界人口の急激な増加や気候変動、国際政治情勢の変化などにより、食料の安定的な確保は各国で大きな課題となりつつある。日本ではお米を国産で自給できることから、米粉を主原料とした米粉パンは食料自給率の向上に貢献できる。また、一般家庭の家計に占める消費額でパンが炊飯米に拮抗するなど、日本でもパン食が普及している。そこで、グルテンを含まない米粉100%パンは小麦アレルギーやセリアック病患者にとっても朗報となる。

## 米粉パンと小麦粉パンの違い

一般的にパンは小麦粉を原料に製造される（図表1A）。小麦粉に水を加えて練ると、粘り気と弾力に富んだ生地ができる（図表2A）。これは、生地の中に、小麦粉のタンパク質からネットワークを形成したグルテンが生成したからである。この生地にイースト（酵母）と砂糖、食塩、油脂などを練りこんで37℃くらいで保温すると、酵母が発酵ガスを産生する。グルテンはその網目構造により発酵ガスを逃さずに閉じ込めるため、生地は小さな風船の集まりのように膨らむ。

一方、米粉に水を加えて練っても小麦粉のような粘弾性のある生地はできない（図表2C）。これは、米粉生地がグルテンを含まないからである。そこで、米粉を原料にパンをつくる際には、小麦粉やグルテン、あるいはグルテンの代わりになる増粘剤が添加されてきた。

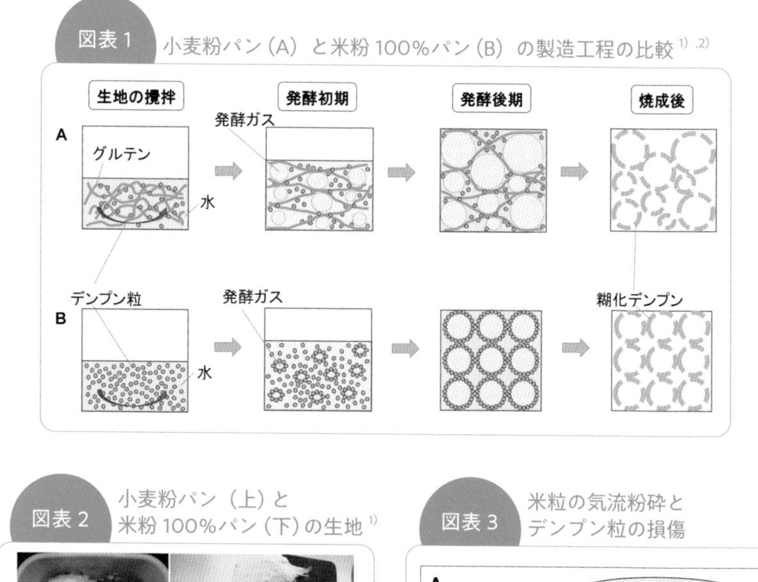


図表1 小麦粉パン（A）と米粉100%パン（B）の製造工程の比較[1),2)]

図表2 小麦粉パン（上）と米粉100%パン（下）の生地[1)]

A, B はそれぞれ撹拌、発酵中の小麦粉生地
C, D はそれぞれ撹拌、発酵中の米粉生地

図表3 米粒の気流粉砕とデンプン粒の損傷

## 増粘剤なしで米粉100%パンを膨らませる

最近、農研機構は増粘剤を使用せず、米粉・水・イースト・砂糖・食塩・油脂の6つの原料だけでパンをつくる製法を開発した[3)]（図表1B）。原料組成や生地の撹拌、発酵・焼成の条件を調整することで特別な機器を使用せず、家庭用のホームベーカリーやオーブンでパンをつくることができる。このパン生地は粘弾性をもたず、また、発酵生地は泡立てたメレンゲのようにふわふわでこわれやすいなど、小麦粉生地とは性状が異なる（図表2B、D）。

増粘剤不使用の米粉100%パンをつくる秘訣は、デンプンの損傷が少ない米粉を使用することである。一般的に米粉は、白米を研削や破砕によって製粉することで製造される。白米同士を気流中でぶつけあって粉砕する気流粉砕を例に、デンプンの損傷について紹介する。白米には多面体構造のデンプン粒が含まれ、この中にデンプン分子が貯蔵されている（図表3A）。粉砕時に白米同士がぶつかると衝撃や摩擦熱によりデンプン粒の形状が損傷する（同B）。一方、白米を水に漬け、湿らせてから気流粉砕に供する湿式気流粉砕では、白米が砕けやすく、また、摩擦熱が気化熱として消費されることから、デンプン粒の損傷度合いが低く形状が維持される（同C）。この、デンプン粒の構造の維持が増粘剤を使用しない米粉パンの製造に重要な役割を果たすらしい。

## 米粉100%パンがどうして膨らむのか？

広島大学で教鞭をとる界面科学の専門家、ヴィレヌーヴ真澄美教授との共同研究により、グルテンや増粘剤を使用しないでつくる米粉100%パンのメカニズムが明らかになった[3]（図表１B､図表４）。シャボン玉（フォーム）では、空気と水の境界に界面活性剤の分子が並んで丸い形状を安定化させる。今回のパンでは、デンプン粒が界面活性剤の役割を果たし、発酵ガスと水の境界を安定化させているのである。小麦粉のパンでは、粘弾性に富むグルテンのネットワークが発酵ガスを閉じ込めるため、風船に例えられよう。２つのパンは製法もメカニズムもまったく異なるのである。

デンプン粒は損傷の度合いに応じて吸水することが知られている。また、粒子が界面活性剤の働きをするには、その親水／疎水バランスが重要である[4]（図表５）。フォームを安定化させる粒子は発酵ガスと水の界面の中心に位置する

図表４　発酵中のパン生地における気泡構造の比較

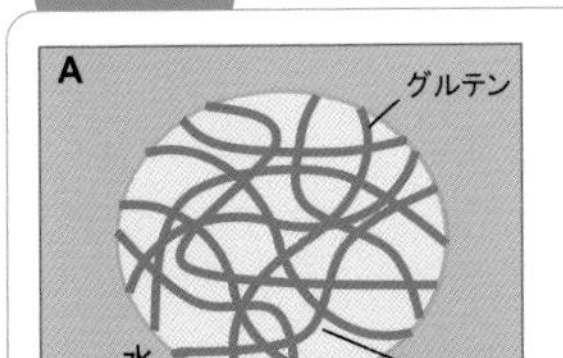


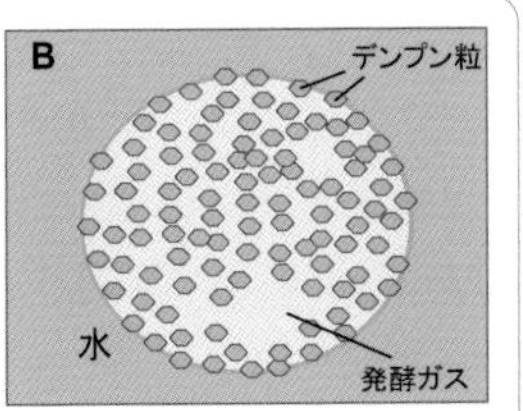


A. 小麦粉パン　B. 米粉100%パン

（同A）。水と発酵ガスの界面を支えるデンプン粒が損傷を受けていた場合、生地の撹拌・発酵の際に徐々に吸水する。損傷の度合いが低い場合（同B）はその影響は少ないが、損傷の度合いが高い場合（同C）、親水／疎水バランスが崩れ、シャボン玉を維持できなくなると考えられる。このパンの製造に供する米粉には、デンプンの損傷度が５％以下のものが適している。湿式気流粉砕で製粉された米粉や、「ミズホチカラ」「笑みたわわ」など、製粉しやすい品種の白米を製粉したものを使用すると膨らみの良いパンができる[5]。

図表５　発酵ガス／水界面でのデンプン粒の挙動

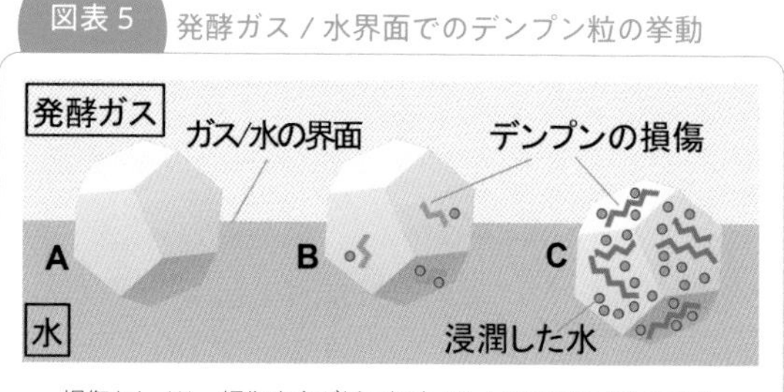

損傷なし (A)、損傷度合が低い場合 (B) と高い場合 (C) の比較

## 製品化と今後

このパンの品質について官能評価試験を行ったところ、「やわらかく、しっとり」「きめが細かい」と評価されている[6]。特許登録されたこの製パン技術はホームベーカリーやパン製品などに利用されているが、今後も製パンメーカーなど企業と協同でいっそうの普及を図りたい。

〔引用文献〕
1）Yano H. npj Science of Food 3（2019）：e7.
2）Fu W. and Yano H. Processes 8.12 (2020)：e1541.
3）Yano H, et al. LWT 79 (2017)：632-639.
4）野々村美宗「色材協会誌」89.6 (2016)：203-206.
5）中西 愛 他「育種学研究」24 (2022)：160–167.
6）早川文代 他「農研機構報告 食品部門」3 （2019）：9-17.

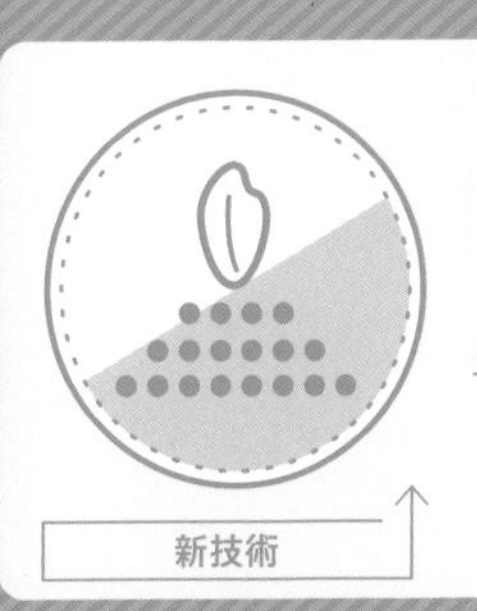


# 米粉製粉機

広がる米粉の新規利用　㈱西村機械製作所

## 地方経済活性化のニーズにも対応

当社では、小麦粉に代替可能な米粉を作る湿式気流粉砕機を長年製造販売してきた。湿式製粉（水分値約30%のコメを製粉）が可能なコメ専用の製粉機として2002年「スーパーパウダーミル」を開発、製粉能力30kg /hr ~ 600kg /hrの4機種で要求能力に応えてきた。これらは一般的に粉砕後、乾燥機を付けたユニット機を提供している（写真1）。また、能力200kg /hr以上は粉砕前工程の洗米・浸水・脱水・テンパリング工程の自動化プラントを納めている。

写真1　スーパーパウダーミル（型式SPM-R290）の乾燥ユニット

スーパーパウダーミルでは初期投資額が大きく生産量が大きすぎる場合は、10kg /hrの少量生産、省スペース、低騒音でかつコストダウンした「フェアリーパウダーミル」を提案している（商品紹介参照）。

写真2　バウムクーヘンのお店実績

イカリヤベイカ（京都市）

17年に開発されたフェアリーパウダーミルは乾燥機を標準化せずに、生米粉（＝水分値約20%の米粉）を取り出せる機器構成にしている。生米粉は水分が高いだけでなく、デンプン細胞と細胞の隙間に水分が入りこむため、加工した際によりしっとり感が高く、膨らみの良い食感が可能となる。

昨今の実績では、道の駅や高速道路のSA、JAの直売所、旅館など主に地方の集客エリアからバウムクーヘンなどの焼き菓子店を設置したいという問い合わせが増えている（写真2）。

## 開発の経緯

当社は創業より、団子（上新粉、もち粉）用の胴搗き製粉機（スタンプミル）や、せんべい業界向けに米菓用の製粉機（ロールミル）を製造してきた。ともに細かい粉と粗い粉が混在した米粉を作る製粉機で、湿式製粉が最大の特徴である。この製粉技術を生かして、さらに細かく、かつデンプン損傷を抑えた米粉（粒度は30～60μm、デンプン損傷率5％以下）が小麦粉代替ニーズに必須の条件である（図表1）。

図表1　デンプン損傷度と粒子の細かさの相関図

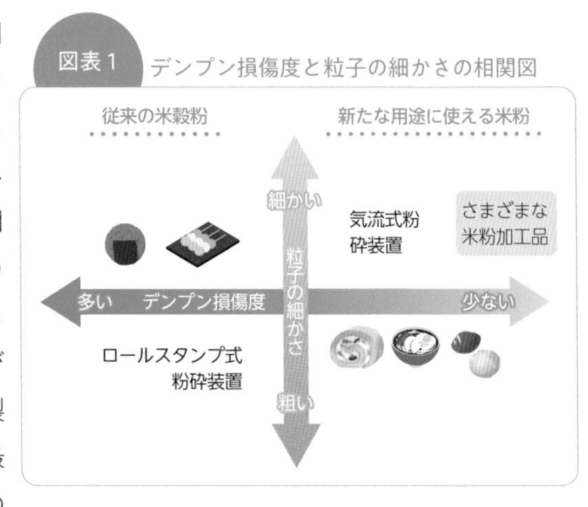


2000年初頭に米粉80％で小麦グルテン約20％を加えた米粉パンが脚光を浴び、当時はスタンプミル※で作った米粉の細かい粉をふるい選別機で取り出していたのを知って、専用機（スーパーパウダーミル）を開発するにいたった。当時、製パン業界からは200メッシュオールパス（200メッシュ＝80μm）した米粉の要求があった。

※もち搗きのように杵と臼を使い原料を連続供給して粉砕する装置。

## 導入事例

スーパーパウダーミルは約20年間で約35カ所、フェアリーパウダーミルは約5年間で約30カ所に設置した。スーパーパウダーミルの大半は米粉を製造販売する米粉専用工場への設置であるが、従来の上新粉を作る米粉会社とJA系や米穀卸などの生産者に近い業態に区別できる。

一方、フェアリーパウダーミルは米粉専用工場ではなく、パンや洋菓子などの加工商品を目的としている。分類すると道の駅、高速道路のSA、洋菓子店、JAなどの生産者である。いずれにしても地元のコメを地域内で加工し、消費する地産地消や6次産業化を目指し、自治体と一体となり地方経済復興を目的としている。興味深いところでは、農業高校や研究機関にもニーズがあり、米粉用品種の改良や地域内の生産者や食品企業と協業している。農業高校では食育の一環でも米粉のニーズがある。

乾燥しない生米粉で作る加工品は、従来流通している米粉と差別化できることでも潜在需要の創出可能性が期待される。

## 今後の市場性とビジネス展開

2022年度の米粉用米の市場規模は約4.3万tであったが、2030年には13万tを目指すと政府も掲げており、米粉用米の品種改良と出口商品の拡大が必須課題である。そのためには大口の食品加工ユーザーからの従来型のマーケットインのニーズと並行して、生産者により近い地産地消や6次産業化といった地方経済活性化の新たなニーズも生まれると考えられる。昨今、お米自体の消費が年々減り農業従事者の高齢化とともに耕作放棄地が増えていることからも、米粉の需要喚起で水稲農業者の所得確保が求められている。欧米ではグルテンフリーの需要が増え、国内では小麦アレルギーの患者が増えており、アレルギーがないといわれる米粉を小麦粉代替にすることで、年間600万tの小麦需要の一端を担える潜在需要を喚起できると考えている。

商品紹介

**フェアリーパウダーミル**

㈱西村機械製作所
☎072-991-2461

乾燥工程がないため生米粉のまま上質な最終製品ができ、しっとり食感が評価されている。

# 米及び米粉製品の未来

東洋ライス株式会社　代表取締役　雑賀慶二

近年、米や米粉製品の輸出は徐々にではあるが伸びてきている。しかし問題はそれが更に飛躍するのかどうかを考えるべきではなかろうか。

申すまでもないが、我が国の人口減は避けて通れないから、国内需要だけを考えると、米や米粉製品の需要は減ることとなり、その結果我が国の水田は一層休耕地が増えることが予想されるところである。しかし、水田は単に米を栽培するだけの役目だけではなく、様々な重要な役目を担っていることから、何としても我が国の国土から米造りを減らしてはならないのである。そのために、我が国で収穫された米及び米粉製品の国内需要を高めるだけではなく、海外にも輸出を狙うべきである。

しかし、海外にも米や米粉があり、しかもかなり廉価である。そうなると輸出も見込めない事になる。それらを勘案すると、単に日本産というだけでは輸出も見込めないし、国内需要を高めることも困難であろう。と言うことで拱手傍観していては進歩がない。そこで我々は『社会の声なき声』に耳を傾け、その声（需要）を満たす開発をすることである。筆者は、昔からそれにより、今では当たり前となって死語となった『無石米』だけではなく、『無洗米』『米の精』『金芽米』『ロウカット玄米』『金芽米エキス』『玄米エッセンス』などを世に先駆けて発明してきた経緯がある。

そこで米及び米粉についての社会の声なき声に耳を傾け、米も米粉も単なる食品ではなく、人々を健康にする『薬』との位置付けにすることにより、国内は勿論のこと、海外の人々にも健康長寿によって、感謝される製品となり、価格的にもそれ相応に評価されることになるだろう。要は、我々が描く未来になる様な製品開発が出来るかどうかに尽きるのである。

コメとSDGs

# 地球環境を考えた米作り

メディカルライス協会　理事長　渡邊　昌

SDGsによって国際的にアグリビジネスが展開されるようになってきたが、資金の7割は海外に流出するという試算もあり、日本の米作りにどれだけ還元されるのか不明な点が多い[1)]。また、ビジネスで起こっている地殻変動として地球温暖化対策がうたわれたパリ協定がある。パリ協定には、気温上昇を産業革命前に比べて2度未満に抑える、あるいは1.5度未満にするという努力目標も加えられている。そのため、21世紀後半までに地球温暖化に影響を与える二酸化炭素、メタン、一酸化二窒素、フロンガスなどの温室効果ガスの排出量を実質的に0にすることが求められている。

## みどりの食料システム戦略と土壌の問題

わが国の食料・農林水産業は、気候変動やこれにともなう大規模自然災害、生産者の高齢化や減少等の生産基盤の脆弱（ぜいじゃく）化、新型コロナを契機とした生産・消費の変化への対応など大変厳しい課題に直面している。農林水産省は、食料・農林水産業の生産力向上と持続性の両立をイノベーションで実現するため、「みどりの食料システム戦略～食料・農林水産業の生産力向上と持続性の両立をイノベーションで実現～」を策定した（図表1）。日本の農林水産省が2050年までに目指す姿としてあげたこれらの項目は、EUの数値目標を参考にしているが、ハードルは高い。目標が細分化されすぎていて、大本の哲学的思想に欠けるのである。①②③④は、農業生産の根源的転換を必要とす

図表1 みどりの食料システム戦略

① 農林水産業の$CO_2$ゼロエミッション化の実現
② 化学農薬の使用量をリスク換算で50%低減
③ 化学肥料の使用量を30%低減
④ 耕地面積に占める有機農業の取組面積を25%、100万haに拡大
⑤ 2030年までに持続可能性に配慮した輸入原材料調達の実現
⑥ エリートツリー等を林業用苗木の9割以上に拡大
⑦ ニホンウナギ、クロマグロ等の養殖において人工種苗比率100%を実現

る。ここにあげられた有機農業は定義にあいまいなところがある。禁止農薬や化学肥料、遺伝子組換え技術などを使用せず、種まきまたは植え付け前2年(多年草は3年)以上、有機的管理を行った水田や畑で生産されたものを「有機農産物」としている。有機農業は、自然循環機能の維持増進を図り、健康で肥沃な土壌を作り、環境問題へ配慮するなど、人にも地球にも優しい農業としているが、農薬や殺虫剤の使用も一定量までは許される。

・農薬・化学合成肥料を原則使用しない
・やむを得ず使用する場合には使用可能なものについてリスト化する
・種播きまたは植え付け時点から過去2年以上、禁止されている農薬や化学合成肥を使用しない水田や畑で栽培する
・遺伝子組換え由来の種苗は使用しない
・生産から出荷まで生産行程管理等の記録作成を義務とする

完全無農薬・完全有機肥料栽培を3年以上積み重ねると有機JASの認定となる。

2002年10月に特別栽培米制度ができた。これは、土壌に由来する農地本来の生産力を発揮させ、かつ自然環境への負担を可能なかぎり低減した栽培方法を用いて生産するということである。この原則に基づき、以下①②が求められている。

①化学合成農薬の使用回数が、当該地域の同作期において当該農産物に慣行的に行われている使用回数の5割以下
②化学肥料の使用量が、当該地域の同作期において当該農産物に慣行的に行われている使用量の5割

これは、みどりの食料システム戦略に取り入れられた。

## 自然と共生した米作り

そもそも、農作物はヒトと同じように健康ならば病気になりにくいもので、弱ったものほど病虫害にあう。植物の健康は土壌、水、温度など環境によるものであり、土壌菌や根圏菌、共生菌などとの共生状態が大きく関係し

ている[2)]。ヒトの腸管を裏返したものが「根」と思えば、不適切な施肥、窒素多用などの土壌条件によって作物体内の栄養状態が撹乱され、根や葉などからの分泌や表皮細胞の構造や体内代謝に変化が生じることは明白だ。

それらによって根圏や葉などに生息する病原菌等の微生物の増殖、感染、および体内での発病が促進される現象を「栄養病理複合障害」という。水稲のいもち病は窒素の多用により細胞膜が薄くなると同時に、稲の硬さの要因であるケイ酸含量も低下し、菌が根の表皮細胞に侵入しやすくなり発症する。加えて、体内のアミノ酸等の可溶性窒素化合物が増加して菌の増殖が促進され、発病が激化する[3)]。

根に寄生する微生物、いわゆる土壌伝染病菌は生きた細胞に寄生する病原菌と死んだ有機物をエサにする腐生菌に大別されるが、その間にはいろいろなタイプの菌がいる。放線菌、ピシウム菌、フザリウム菌、リゾクトニア属菌、根こぶ病菌などさまざまである。しかし、野生植物が病原菌におかされて全滅することはない。強力な防御機構をもった植物が生き残るからである。それには、静的抵抗性と動的抵抗性があり、前者には細胞壁を厚くし、抗菌物質を分泌し、菌を凝集させる働きのあるレクチンなどがある。

レクチンが菌を凝集させるとリグニン合成がさかんになって木化し自ら死滅して褐変したり、新しい抗菌成分ファイトアレキシンをつくったりするなどの反応を起こす。ウイルス性感染に対しては、弱毒ウイルスを利用して交差防御も行う。また、病気の出にくい土壌もある。

土壌菌やカビはエサとなる腐食物、菌の死骸なども食べ、病原菌との競合状態にある。水田の嫌気的条件ではカビや線虫が死滅するので稲の連作障害は起こらない。

このように自然との共生を生かした栽培方法で米作りをすれば、田んぼにドジョウやタニシ、クワイ、ヤゴなどが増え、ビオトープといえる環境になる。佐渡の棚田のようにトキの生育を支えているところもある。メディカルライス協会では、自然と共生して栽培した玄米を「自然共生栽培玄米」として健康長寿に役立つ「長養元米」を開発している。農薬を減らす、化学肥料を減らす、という手先の対応でなく、自然との共生を土台においた栽培方法こそ真の有機米といえるであろう。

## One Healthのような発想が必要

One Healthという概念は、「エボラ出血熱や熱帯病、コロナウイルス感染などがヒトとの接触がなかった地域から人間社会に広がったのは、熱帯林の伐採や乱開発による獣畜共通感染の拡大が関係しているので、自然界の生物全体を健康にせねば人の健康も守れない」という考えだ。鳥インフルエンザや口蹄役（こうていえき）なども例外ではない。ワン・ヘルス・イニシアチブには、医師、獣医師、歯科医、看護師、およびアメリカ医師会、獣医医師会、看護師協会、公衆衛生医師協会、熱帯医学衛生学会、疾病管理予防センター（CDC）、米国農務省（USDA）、および米国国家環境委員会健康協会（NEHA）など非常に多方面の組織が参加し、世界中の1,000人近い著名な科学者、医師、獣医師が支持している。

これが達成されれば、相乗効果として科学的知識ベースを迅速に拡大し、公衆衛生の有効性を高め、21世紀以降の健康政策は前進するだろう。

## ポストコロナの生き方

ポストコロナにウクライナへの軍事侵攻など重なる未曾有の混乱期、どのように生きるのか。生き方を選ばねば、生きがいをもって人生を送ることはできない。農民の高齢化、耕作地の放棄、輸入の減少などに気候変動も重なって食料の安全保障が問題になっている。

メディカルライス協会は日本の稲作農業が衰退しつつあることを懸念しており、同協会が定めた玄米成分の基準値をクリアした玄米は800円/kg、1俵4万8,000円で購入すると明言している[4)]。この価格であれば、棚田でコメ作りをしている生産者であっても再生産が可能になる。玄米で健康社会を作るだけでなく持続可能な農業にも貢献できる事業が始まる。消費者も農家の存続を考えると、価格が多少高くても治未病を保証するコメだと認識してフェアな価格帯を受け入れるようになってほしい。

## 日本人とコメの未来

2000年代になって国民の長命化とともに西洋医学の限界が見えてき

た。在宅医療が医療体系のなかで重要となり、患者のQOLを高く保つ食生活を重視する個別化医療、統合医療が抗加齢医学会でも増えている。

日本は平安時代から食養生の思想があった。江戸時代に貝原益軒の『養生訓』は長く読まれる名著となった。明治時代、陸軍の薬剤監だった石塚左玄は玄米菜食、身土不二（しんどふじ）などを説き、食養会を結成した。玄米菜食は、戦前には国民運動にまでなった。この流れは二木謙三や桜沢如一に引き継がれ、日本綜合医学会やマクロビオテイックの活動となっている[5]。

**図表2　榮養の歌**

| | |
|---|---|
| 個人栄養（一番） | 覚めて朝日を仰ぐ時 鬼をも拉ぐ力あり<br>夢安らかに眠りては 疲れを癒す血潮あり<br>寒さ暑さに打ち勝ちて 直なる心生い育ち<br>病襲いむ隙もなし これ皆栄養の賜ぞ<br>⋮ |
| 節米（七番） | 穀一粒に包まれし、無慮の功徳思ひなば<br>適度に精げ洗はずに、米を用ふる術を知り<br>米乏しくば麦を食み、麦・粟・蕎麦・黍・稗に芋<br>食みて誇らむ諸共に、赤き血潮と硬き骨<br>⋮ |
| 食養（八番） | 一つの食に偏るな、老と若きは差別あり<br>骨・皮・生物合せ摂り、無機質・ビタミン事欠かず<br>飽くを求むな胃袋は、日常の習慣第一ぞ<br>嗜好と咀嚼に心せば、健康・長寿思ふ儘<br>⋮ |

（佐伯矩／作詞、楠美恩三郎／作曲、大正11年）

**図表3　「理想」とされる食生活**

- 早寝・早起きの大切さ
- 感謝の気持ちを持つことの大切さ
- エネルギー源となる食品の必要性
- 必要な栄養量を知ることの大切さ
- 魚を食べることの大切さ
- 栄養を多く含む食品を食べることの必要性
- 無駄なく（廃棄なく）食べることの大切さ
- 多様なものを食べることの大切さ
- しっかり噛むことの大切さ
- 環境の順応するための栄養の必要性

一方、米国の留学生活から帰国後「栄養学」というコンセプトをまとめた佐伯矩（ただす）は国立栄養研究所を設立、1918（大正7）年に「榮養の歌」をつくり国民の栄養改善に乗り出した（図表2）。22年に楠美恩三郎が作曲して食事による健康教育に効果をあげた。戦後、アメリカ流の栄養学が栄養素摂取に偏っているのに対し、100年前に唱和されながら現在にも通じる歌詞には日本古来の養生の思想が含まれている。

この歌では、当時の「理想」とされる食生活が謳われている（図表3）。古来、続くコメのことをよく知って私たちの生活を豊かに安定させたい[6]。

〔引用文献〕
1) 堤 未果『食が壊れる』文春新書（2022年）
2) デビッド・モントゴメリー『土と内臓』築地書館（2016年）
3) 染谷 孝『土壌微生物の世界』築地書館（2020年）
4) 熊野孝文「日本が生んだ"奇跡のコメ"がみせる新たな価値創造」Wedge ONLine（2023年1月13日号）
5) 渡邉 昌『栄養学原論』南江堂（2009年）
6) 石谷幸佑『米の事典―稲作からゲノムまで』幸書房（2013年）

コメとSDGs

# レジスタントスターチ（RS）を豊富に含む米新品種の開発と応用、今後の可能性

秋田県立大学生物資源科学部　教授　藤田直子

## はじめに

お米は日本人にとって、もっとも重要な主食であり、その主成分は澱粉である。私たちが食べるお米（精米）には、水分を除くと90％以上の澱粉が含まれている。そのため、米の食味や食感の原因の大部分は澱粉に由来する。澱粉はその生合成に関与する多数の酵素の協同によって合成される（図表1）。したがって、当然、澱粉生合成関連酵素の活性の強弱によって澱粉構造は大きく変化し、それにともなって澱粉の特性も変化する。現在までに、澱粉生合成関連酵素のうち、特定の酵素が壊れた変異体米が多数、単離されてきた[1)]。もっとも古くから知られている変異体米は、もち米であろう。もち米は、アミロースを合成する酵素であるGBSSIが壊れているためアミロースを合成できず（つまり、アミロース含量が0％）、アミロペクチンのみからなるモチ性を示す。ごはんとして食べるうるち米（アミロース含量が約18％程度）と比べるともち米は、モチモチと粘りが強いことはよく知られている。

GBSSIを含めて主として胚乳で強く発現する澱粉生合成に関与する酵素は9種類存在し（図表1）、ここで取り上げるレジスタントスターチ（RS）を豊富に含む米も、変異体米が元となっている。

図表1 コメの澱粉生合成に主として関わる酵素

スターチシンターゼ(SS)
：直鎖の伸長

アミロペクチン合成
SSI：短鎖（DP8-12）
SSIIa：中鎖（DP13-24）
SSIIIa：長鎖（DP30～）
アミロース合成
GBSSI

ホスホリラーゼ（PHO）
：プライマーを合成

PHO1

デンプン

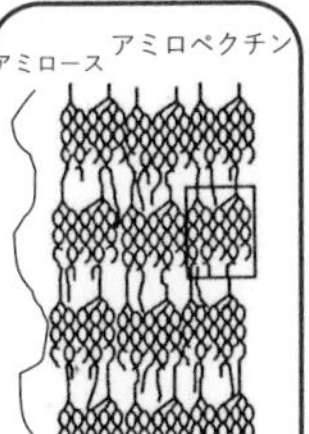


枝作り酵素（BE）
：分岐を形成

アミロペクチン合成
BEI：非結晶領域
BEIIb：結晶領域

枝切り酵（DBE）
：結晶領域の不適切な枝を削除

アミロペクチン合成
ISA1：貢献度大
PUL：貢献度小

*GBSS：デンプン粒結合型スターチシンターゼ
ISA：イソアミラーゼ、PUL：プルラナーゼ

## さまざまな変異体米

胚乳の澱粉合成に主にかかわっている酵素の欠損によって、澱粉構造の変化の具合やその程度はさまざまである。とくに大きな変化を示すものには、以下のものがある。

① **スターチシンターゼ（SS）IIa**：イネの栽培種のうち、インディカ米の多くは、この酵素が正常であるが、ジャポニカ米の多くはSSIIa活性がインディカ米の１割に低下している[2)]。SSIIaの活性が低いと、アミロペクチンのクラスター内の鎖が短くなり、糊化温度が低下する。インディカ米よりジャポニカ米は煮えやすい澱粉といえる。

② **SSIIIa**：SSIIIa活性がなくなると、アミロペクチンのクラスターを連結する長鎖が少なくなると同時にアミロース含量が増加する。これは、SSIIIa活性の欠損がGBSSIの発現量を増やすという間接的な影響を与えるからである[3)]。ジャポニカ系高アミロース米の「あきたぱらり」や「あきたさらり」は、SSIIIaが壊れた変異体米が育種されたものである[4)]。

③ **枝作り酵素（BE）IIb**：BEIIb活性がなくなると、アミロペクチンの短い枝が激減し、相対的にアミロペクチンの長い鎖が増加するため、糊化しにくい澱粉となる[5)]。同時に難消化性を示す。この変異体米は*amylose-extender*変異体と呼ばれている。

④ イソアミラーゼ（ISA）1：ISA1は、枝切り酵素の一種である。この酵素の活性がなくなると、胚乳に不溶性の澱粉ではなく、可溶性の多糖であるフィトグリコーゲンを蓄積し、完熟すると扁平な種子となる[6]。この変異体米は *sugary-1* 変異体と呼ばれている。

## レジスタントスターチ（RS）を豊富に含む変異体米

RSは、ヒトがもつ消化酵素では分解されにくく、小腸を通過して大腸に移行する澱粉のことである。カロリーオフとなり、食後の血糖値上昇抑制効果や、食物繊維と類似して整腸作用が期待できるため、近年、機能性食品の素材として注目されている。主食用米にはRSがほとんど含まれていないが、一般にアミロース含量の高い穀類澱粉では、RSを豊富に含むことが知られている。前項目で述べたように、イネの澱粉生合成関連酵素のうち、特定の酵素が欠損した変異体米がたくさん単離されている。高アミロース性を示す変異体米やインディカ米由来の高アミロース米品種、枝作り酵素BEIIbを欠損した変異体米（*be2b*）などの炊飯米のRS値を調べたところ（図表2）[7]、SSIIIa欠損変異体（*ss3a*）やインディカ米等の高アミロース米は、対照米である「日本晴」と比べて2～5倍程度、RS値が

図表2 メガザイムのRSアッセイキットによる変異体10系統およびインディカ米のRS値

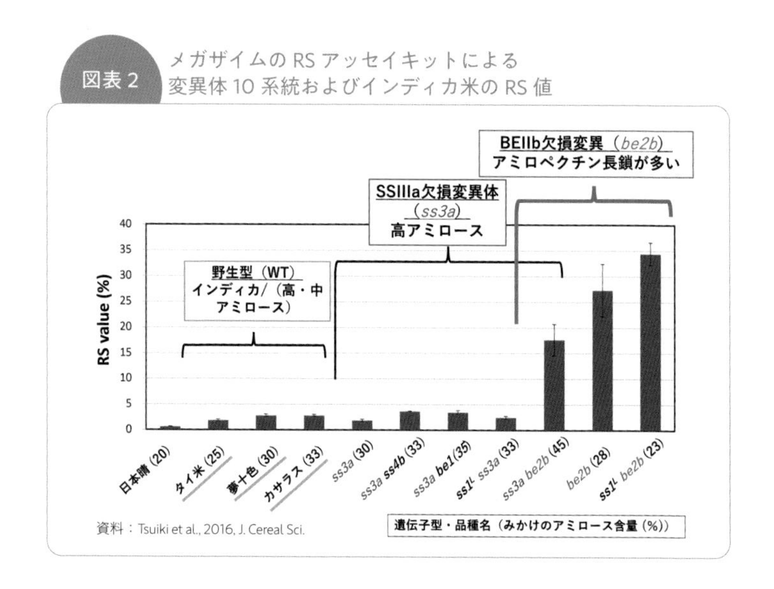


資料：Tsuiki et al., 2016, J. Cereal Sci.

高かった。一方、これらよりも突出して高い値を示す変異体米はアミロペクチンの長鎖の割合が高いBEIIbを欠損した変異体米（*be2b*）であった（図表2）。したがって、RSの増加には、アミロース含量が高いこと以上に、アミロペクチンの長鎖が多いことが重要なのである[7]。

## レジスタントスターチ（RS）を豊富に含む米新品種の開発

突出して高いRS値を示した変異体米のうち、SSIIIaとBEIIbが欠損した二重変異体#4019（*ss3a be2b*）の炊飯米と米菓を用いた単回摂取ヒト試験を実施したところ、摂取後の血糖値およびインスリン分泌量が対照食と比べて有意に低下していた[8]。このことから、両遺伝子が欠損した変異体米は、食後の血糖値上昇抑制作用がある機能性米になり得ることが明らかとなった。

一方、#4019は澱粉生合成の重要な酵素が欠損しているため、野生型と比べて澱粉蓄積量が低下し、種子重が8割程度であった[9]。さまざまな農業形質のうち、収量は普及する上でもっとも重要である。農業形質を向上させるために、超多収品種を戻し交配して育成された高RS米品種が「まんぷくすらり」である。「まんぷくすらり」は、10アール当たりおおむね600kg～収穫できる[10]。開花時期も8月上旬で、秋田以南の北東北で栽培可能な、現時点で唯一の実用的高RS米品種である。

## レジスタントスターチ（RS）を豊富に含む新品種の今後の課題と可能性

わが国の米の需要は、50年前と比べると半分以下となっている。全国の試験場で極良食味米が数多く開発されているが、これらでは需要低下に歯止めがかけられない状況である。わが国で栽培されているイネは、主食用米が9割以上を占めており、わずかに飼料用、酒米、もち米、加工用米が栽培されている。米の需要回復にはこれら以外に、これまでに利用されなかった用途の米品種を開拓していく必要がある。健康に資する機能性米や工業用途等の米は今後、新しい需要を産むものとして期待される。

高RS米は、白ごはんとして食べる際、その独特な澱粉構造が原因で硬くなるなど、食味がすぐれない欠点がある。RS値を維持しながら食味を改善することが高RS米の普及への一つ目の大きな課題である。白米を粉砕した米粉に加水して加熱した米粉ゲルを原材料として用いることや、発酵食品としての利用、カリカリとした食感を生かす食べ方が提案されている（図表3）。

図表3 「まんぷくすらり」を使ったさまざまな商品

二つ目の課題は、商品への機能性の表示である。わが国の食品表示法では、特定保健用食品（トクホ）か機能性表示食品でないかぎり、機能性を商品に表示することができない。これらには、臨床試験等の科学的な立証が不可欠である。RSの機能性のうち、食後の血糖値上昇抑制はすでに多くの臨床試験で証明されている[11]が、整腸作用に関しては、動物試験による証明にとどまる。今後、さらなる研究が必要である。

以上の課題に加え、国民のRSへの認知度の向上も必要であろう。近年は国民の健康志向が向上し、機能性食品への関心も高まっており、米の需要拡大に高RS米の普及推進はわが国のキーテクノロジーとなっていくに違いない。

〔引用文献〕

1）藤田直子『応用糖質科学』8: 257-262.（2018）
2）Nakamura Y 他 “Plant Mol. Biol.”58: 213-227（2005）
3）Fujita N 他 “Plant Physiol.”144: 2009-2023（2007）
4）藤田他『農業と園芸』97: 781-785.（2022）
5）Nishi A 他 “Plant Physiol.”127: 459-472（2001）
6）Nakamura Y 他 “Plant J.”12: 143-153（1997）
7）Tsuiki K 他 “J. Cereal Sci.”68: 88-92.（2016）
8）Saito Y 他 “Biosci. Biotechnol. Biochem. ”84: 365-371（2020）
9）Asai H 他 “J. Exp. Bot.”65: 5497-5507.（2014）
10）藤田他『農業と園芸』98：124-128（2023）
11）Lockyer と Nugent “Nutri. Bull.”42: 10-41.（2017）

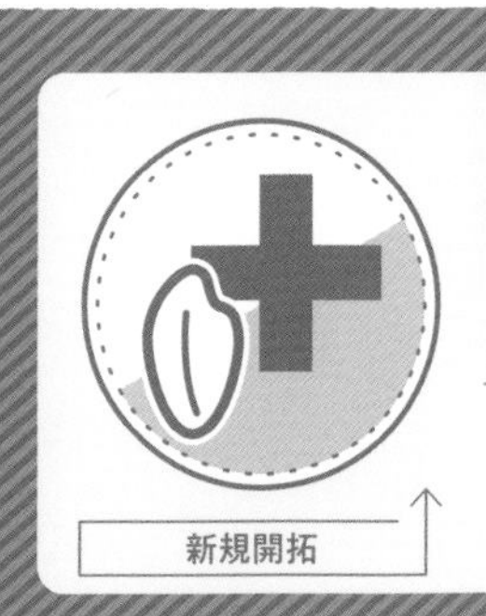


# メディカルライス

コメと SDGs

メディカルライス協会※

## 低タンパク加工玄米とノングルテン米粉

※理事長　渡邊　昌

### 低タンパク加工玄米 JAS

腎臓病では糸球体も尿細管細胞も再生しないので、慢性腎臓病（CKD）の進展を遅らせて保存期を長くすることが目標となる。腎を標的として降圧剤や利尿剤、血糖降下剤などが使われるが、透析患者を減らす結果になっていない。原因として、尿毒症になると毒素が肝臓で代謝を受けて、さらに毒性の高い腎毒素となって CKD を悪化させることにある。この腸腎連関の負のスパイラルを断ち切る必要がある。玄米からタンパク質を減らし、残りの食物繊維やその他の機能性成分で､腸内細菌叢とリーキーガットを改善する[1)]。

最近開発された低たん白加工処理包装玄米 JAS0027 は、熱量を保ちつつタンパク質、リン、カリウムが低く、玄米成分の食物繊維やγ - オリザノールがある。なによりおいしく、主食をこのパック飯に替えるだけで 1 日 10 g のたん白質摂取を減らすことができる。副菜は家族と同じものを食べられるから、腎機能の落ちた患者にとって理想的食材である。透析患者でも適切な低タンパク食によって透析間隔を長くできる。

JAS による低タンパク加工玄米の加工基準では、以下の効果が期待される。低タンパク食の心理的ハードルを下げ、腎機能低下に苦しむ未病の高齢者へのアピールが可能。メディカルライスをコンセプトに高付加価値の食品を提供することで、原料としての有機玄米生産を促進できる。

## ノングルテン米粉製造行程管理 JAS

セリアック病は、主に小腸に影響を与える長期の自己免疫疾患である。典型的な症状には、慢性的な下痢、腹部膨満、吸収不良、食欲不振、正常な子どもの成長障害などの胃腸の問題が含まれる。成人の場合、明らかな症状がない場合もある。

グルテンへのアレルギー反応は、小麦にみられるさまざまなタンパク質のグループで引き起こされる。グルテンにさらされると、いくつかの異なる自己抗体が作られ、さまざまな臓器に影響を与える。小腸では、これが炎症反応を引き起こし、絨毛萎縮を引き起こす。唯一知られている効果的な治療法は、生涯にわたるグルテンフリーの食事療法だ。症例の80%は未診断のままと推定されている。これは通常、胃腸の不調が最小限または皆無で、症状や診断基準に関する知識が不足しているためと思われる[2)]。

「グルテンフリー」表示の規制は異なる。欧州連合は2009年に、食品の「グルテンフリー」ラベルの使用をグルテン20mg/kg未満に制限し、「超低グルテン」ラベルの使用を100mg/kg未満のものに制限する規則を発行した。また、USFDAは13年、食品の「グルテンフリー」ラベルの使用をグルテンが20ppm未満のものに限定する規則を発行した。国際的なコーデックス・アリメンタリウス基準では、いわゆる「グルテンフリー」食品で20ppmのグルテンが認められている。最近のシステマティックレビューでは、毎日10mg未満のグルテンを摂取しても、組織学的異常を引き起こす可能性は低いと結論づけられている。

2020年10月、農林水産省は、米粉の製造工程でグルテンが混入する可能性がある箇所を特定し、混入を防止することで、製品のグルテン含有量を1ppm以下にした「うるち米粉の製造工程管理JAS（JAS0014)」を発足、21年6月から日本農林規格認証連合会が認証を開始した。

国産グルテンフリー米粉の普及を促進することで、欧米の多くの患者を救うことができる。

〔引用文献〕
1) Watanabe S, et al. "Dietary therapy with low protein genmai (brown rice) to improve the gut-kidney axis and reduce CKD progression"Asia Pac J Clin Nutr 31（3）341-347（2022）
2) Watanabe S. "The Potential Health Benefits of Brown Rice"Rice Crops - Productivity, Quality and Sustainability, Intech Open 1-13（2022）

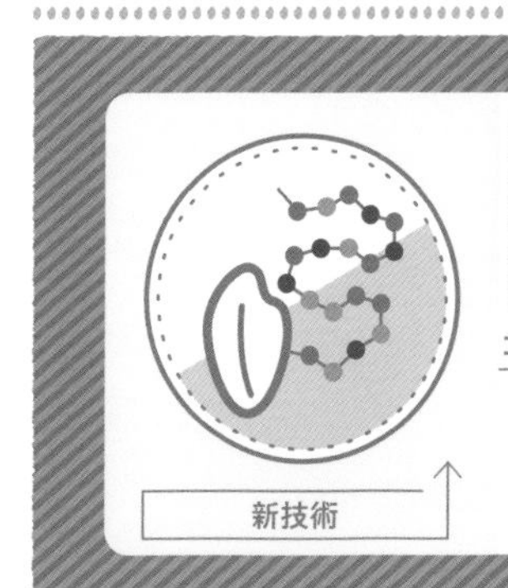


# 米タンパク質

コメとSDGs

グリコ栄養食品(株)

## 成長市場に寄与するアレルゲンフリーのタンパク質

### コメの中のタンパク質

コメは、全体の割合として約90%の胚乳部と２%の胚芽部を２%のアリューロン層が包み、１%の種皮、そして４%の果皮で覆われている。われわれが日常で主に喫食するコメは、ぬか層が削り取られた胚乳部で、とり除かれた画分は米ぬかとして別途､漬物のぬか床などに活用されている。胚乳部の栄養成分としては、約77.7%の炭水化物、約14.9%の水分、約6.1%のタンパク質等にて構成されている[1]（図表１)。このように胚乳部のタンパク質含有量はわずかではあるが、日本人にとってコメは主食で摂取量が安定して高いことから、１日の摂取タンパク質の約13%をも占めている[2]。この割合は、肉類や魚介類に次いで３番目に

図表１　コメの構造および栄養成分

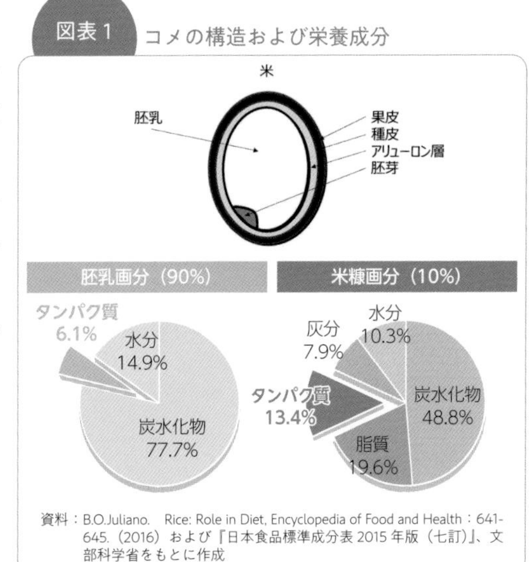


資料：B.O.Juliano.　Rice: Role in Diet, Encyclopedia of Food and Health：641-645.（2016）および『日本食品標準成分表2015年版（七訂)』、文部科学省をもとに作成

多く、非常に重要なタンパク質摂取源であるといえる。また、胚乳部のタンパク質のアミノ酸組成に関しては、必須アミノ酸の含有率が高い。コメは、質においても非常に重要な食品に位置づけられる。

コメ胚乳部のタンパク質の構成としては、水溶性のアルブミン、希酸または希アルカリ可溶性のグルテリン、塩可溶性のグロブリンおよび、アルコール可溶性のプロラミンに大別される[3)]。これらのタンパク質は2つのプロテインボディーⅠおよびⅡ（PB-ⅠおよびPB-Ⅱ）という特別な細胞小器官に貯蔵されていることが知られている。PB-Ⅰは層状構造をもつ直径1～2μmの球状の構造であるのに対し、PB-Ⅱは結晶性の高い構造をもつ。PB-Ⅰは10k～16kDaのプロラミンが主な構成成分であり、一方でPB-Ⅱは20K～39Kのグルテリンやグロブリンにて構成されている[4)5)]（図表2）。

図表2 酵素分解法抽出タンパク質のタンパク質組成および、その人工消化物のタンパク質組成（SDS-PAGE）

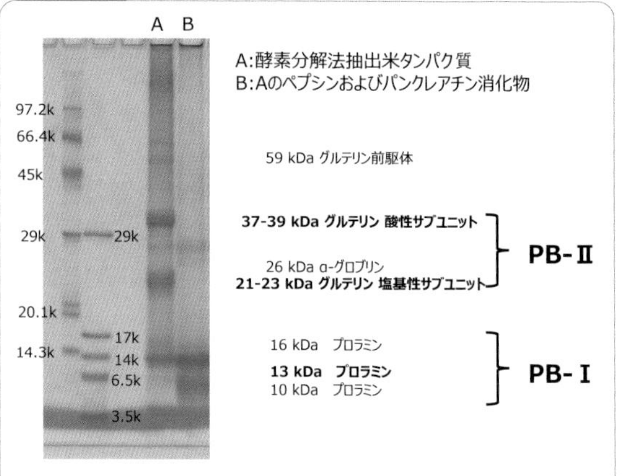


資料：Ogawa M, Kumamaru T, Satoh H, Iwata N, Kasai Z, Tanaka K. Purification of protein body on rice seed and its polypeptide composition. Plant Cell Physiology 28: 1517-1527.（1987）および自社取得データをもとに作成

米タンパク質の抽出は、大きく分けてアルカリ抽出法と酵素分解法の2つの方法が知られている[6)]。前者はコメを粉砕した後、アルカリ溶液にてタンパク質を溶解し、不溶性のデンプン質と分離後、中和して得られる。一方、後者はデンプン質を加熱糊化させ、そこに酵素を加えることによりデンプン質を完全に糖化して分離することで得られる。

この2つの抽出法によって、タンパク質のアミノ酸組成や構造、消化率などが異なる。タンパク質の構造は、アルカリ抽出法ではアルカリで処理されることによりPB-Ⅰの構造が崩壊するのに対し、酵素分解法では、加熱によってPB-Ⅰの構造がより強固な構造に変化する。この構造の違いにより体内での消化性に関しても異なることが確認されており、酵素分解法で調製された米タンパク質では、PB-Ⅰを構成するプロラミンの画分が分解されにくいことが報告されている[7-11]。また、図表2のSDS-PAGEでもわかるように、酵素分解法にて抽出した米タンパク質を、ペプシンおよびパンクレアチンにて酵素分解した人工消化タンパク質の組成を調べてみると、非分解物と比較してPB-Ⅱを構成するタンパク質は分解が進んでいるのに対して、PB-Ⅰを構成するタンパク質は分解が進んでいない。こういったアルカリ抽出米タンパク質と酵素分解法にて抽出したタンパク質ではいくつかの違いがみられるが、酵素分解法で得られたタンパク質の構造は、製造工程中にいったん加熱されるといった点でわれわれが普段喫食している炊飯米の米タンパク質の性質に近いといえる。

## コメ由来タンパク質の市場

世界での米タンパク質の市場として2020年では1億4,290万米ドルの規模があり、今後5年間で年平均12.9%の成長が見込まれている。そして2026年には2億9,590万米ドルに達し、食品、飲料、飼料、スポーツニュートリションなどのさまざまな業界から需要が増加することが予測されている[12]。

また、日本でもタンパク質を訴求する製品は増加しており、サプリメントなどの健康食品だけではなく、一般消費者が日常購入する乳製品やスナックなどの食品カテゴリーにまで“高タンパク質”“タンパク質強化”という訴求が浸透してきていることも、2019年頃より日常生活のなかで感じられるようになってきた。

早稲田大学の研究では、高齢女性を対象とした観察にて朝食でのタンパク質摂取量比率と骨格筋指数が正の相関を報告している。朝食時のタンパク質摂取が筋肉量の増加に効果的であるという[13]。また、Mamerowらは、朝食に20 g、昼食に20 g、夕食に20 gとバランスよくタンパク質を摂取することで筋肉の合成を高められると報告している[14]。このように、タンパク質摂取のタイミングやバランスが筋肉合成（それに起因する代謝や免疫力の向上）に重要であるにも関わらず、現代の日本人の食事形態では、朝や昼に時間がなく、炭水化物中心の食事の栄養構成になっている。実際の調査では、夕食にタンパク質をはじめとするカロリーを摂取し、若年者層の欠食も多い[15) 16)]。

当社では、このようなタンパク質に対する意識やニーズが高まっていること、日本人の食の形態においてタンパク質の摂取量が偏っていることに着目して、いかに朝や昼の炭水化物に置き換えて、日常食のなかにおいしく、安心安全にタンパク質を配合できるかという観点から米タンパク質である“こめたん”を開発するにいたった。

## 米タンパク製品“こめたん”

“こめたん®”は米粉から酵素分解法にて製造を行っており、タンパク質として乾物換算で75%以上（窒素係数5.95にて換算）を含んだ粉末状に乾燥、粉砕加工し、製品化されている。また、米タンパク質を多くの日常食の食品群に添加するため、各食品への特性に合わせ物性の大きく異なる「こめたん - 焙煎」「こめたん - 生粋」の2種類を現在上市している。

「こめたん - 焙煎」の最大の特長は、小麦粉製品に添加した際、物性に大きく影響を与えないことである。その特長は、ミキソグラフの測定で数値化できる。小麦タンパク質以外の一般的なタンパク質素材を小麦タンパク質に添加して加水した後、ドウを練っていくと、小麦タンパク質の形成を阻害し、非常に伸展性が悪く脆（もろ）い生地になってしまう。一方で、「こめたん - 焙煎」を加えたものは、小麦タンパク質の結合を阻害せずに伸展性の高い生地を形成できる。このような特長は、ベーカリー製品の品質には非常に重要である。一般的なタンパク質と「こめたん - 焙煎」をパンに15%添加したときのミキソグラフとドウの写真を図表3に示す。

一般的なタンパク質素材を添加したときには、小麦タンパク質に影響するだけでなくタンパク質素材自体の吸水力が強いため、パン生地に加水しなければ硬く引き締まった生地になり作業性が悪くなる。一方で、加水すると単位生地あたりのグルテン量が低下してしまう。また、発酵等で発生したガスの膨化力で膨らむパン生地も重たくなり、ボリュームの悪いものになる。できあがったパンのふんわり感も低下し、パンとして好ましくな

図表3 一般的なタンパク質素材とこめたん-焙煎の小麦タンパク質への影響

**一般的なタンパク質素材**

- 小麦タンパク質の結合を阻害し、パンの膨らみを妨害する
- 小麦に一般的に販売されているタンパク質素材を混ぜて、ミキシングすると、小麦タンパク質が弱まり、生地は切れる

一般的タンパク質配合小麦ドウ

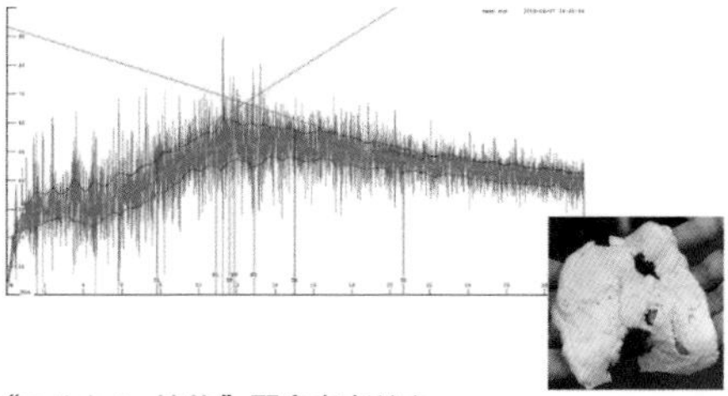

**“こめたん-焙煎”**

- 小麦タンパク質の結合を阻害せず、良好なつながりを実現

“こめたん-焙煎”配合小麦ドウ

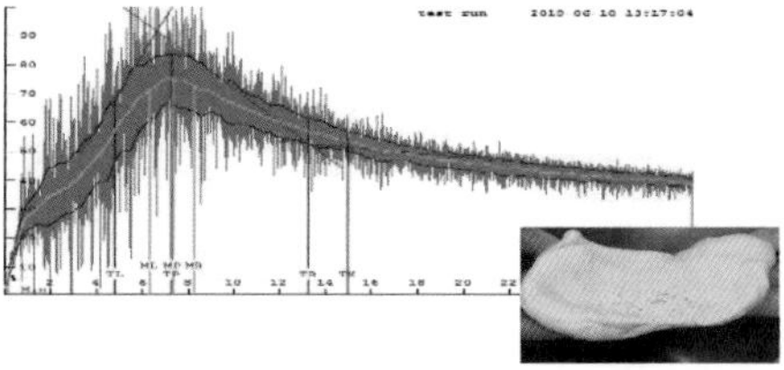

い。「こめたん - 焙煎」を配合すると、生地の伸展性に影響を与えにくいことはもちろん、吸水も抑えられるので、体積も大きく適度なしっとり感とふんわり感を両立できる（図表4）。

さらに、小麦タンパク質を「こめたん - 焙煎」の使用量に応じて添加することで、目的のタンパク質含有量のベーカリー製品を設計できる。このようなベーカリー製品ができれば、日常の朝食のパンとして食べることで他に食材を追加することなく気軽にタンパク質を摂取できる。

図表4 一般的なタンパク質素材と「こめたん - 焙煎」を用いた高タンパクパンの外観

一般的タンパク質配合 高タンパクパン　「こめたん - 焙煎」配合 高タンパクパン

一方で、「こめたん - 生粋」の特長は、一般的なタンパク質を食品に添加した際の問題点である、ざらつき、色、臭気などが少なく、さまざまな食品に添加することが可能ということである。薄力粉を主体とした生地へ

は「こめたん - 生粋」が適しており、洋菓子ではしっとり感を付与する。また、クリームと合わせることで濃厚な食感が得られる。中華麺では、小麦タンパク質だけでなく加工デンプンとの組み合わせにより、より滑らかな好ましい食感となる。

## “こめたん”を通した顧客価値創造

当社では、栄養価値だけでなく、アレルギー特定原材料等 28 品目に該当せず、かつコメという長い食経験に基づく消費者にとっても安心に選択できるタンパク質素材の１つとして“こめたん”の提供を続けていきたい。健康研究に関しては、これまでアルカリ抽出法による米タンパク質に関しては盛んに行われてきたが、酵素分解法ではあまり研究例が多くない。前述のように、PB- Ⅰをはじめとする構造や、含硫アミノ酸組成において酵素分解法で抽出された“こめたん”は、異なった健康価値が見出される可能性がある。その健康価値は、少なからずコメを加熱して喫食したときの健康効果と何らかの関係性があると考えている。今後、“こめたん”の健康研究をすすめながら、アジア圏における米食文化のコホート研究知見とリンクさせて、コメ全体の健康価値を高めつつ、世界中の多くの“こめたん”を提供していく。

〔引用文献〕
1）文部科学省『日本食品標準成分表 2015 年版（七訂）』
2）厚生労働省「平成 24 年国民健康・栄養調査報告」
3）Ogawa M, Kumamaru T, Satoh H, Iwata N, Kasai Z, Tanaka K. “Purification of protein body on rice seed and its polypeptide composition.” Plant Cell Physiology 28: 1517-1527.（1987）
4）Bechtel, D.B. and Pomeranz, Y. “Ultrastructure of the mature ungerminated rice（Oryza sativa）caryopsis. The starchy endosperm.” American Journal of Botany 65, 684-691. (1978)
5）Tanaka, K., Sugimoto, T. Ogawa, M. and Kasai, Z. “Isolation and characterization of two types of protein bodies in the rice endosperm.” Agricultural and Biological Chemistry 44, 1633-1639. (1980)
6）Morita T, Oh-hashi A, Kosaoka S, Ikai M, Kiriyama S. “Rice protein isolates produced by two different methods lower serum cholesterol concentration in rats compared with casein. ” J Sci Food Agric 71:415-424（1996）
7）Kumagai T, Kawamura H, Fuse T, Watanabe T, Saito Y, Masumura T, Watanabe R, Kadowaki M, “Production of rice protein by alkaline extraction improves its digestibility. ” J Nutr Sci Vitaminol 52:467-472.（2006）
8）Tanaka Y, Hayashida S, Hongo M. “The relationship of the faces protein particles to rice protein bodies.” Agr Biol Chem 39:515-518. (1975)

9) Kubota M, Saito Y, Masumura T, Kumagai T,WatanabeR, Fujimura S, Kadowaki M. "Improvement in the in vivo digestibility of rice protein by alkali extraction is sue to structural changes in prolamin/ protein body- I particle." Biosci Biothecnol Biochem 74:614-619. (2010)
10) Kubota M, Saito Y, Masumura T, Kumagai T,WatanabeR, Fujimura S, Kadowaki M. "In vivo digestibility of rice prolamin/ body- I particle is decreased by coolong. " J Nutr Sci Vitaminol 60:300-304. (2014)
11) Kumagai T, Watanabe R, Saito M, Watanabe T, Kubota M, Kadowaki M. "Superiority of alkali-extracted rice protein comes from digestion of prolamin in growing rats. " J Nutr Sci Vitaminol 55:170-177. (2009)
12) Market Watch（https://www.marketwatch.com/press-release/rice-protein-market-size-in-2021-129-cagr-with-top-countries-data-what-is-the-current-size-of-the-global-rice-protein-industry-latest-119-pages-report-2021-09-21）
13) Aoyama S, H Kim, Hirooka R, Tanaka M, Shimoda T, Chijiki H, Kojima S, Sasaki K, Takahashi K, Makino S, Takizawa M, Takahashi M, Tahara Y, Shimba S, Shinohara K, Shibata S "Distribution of dietary protein intake in daily meals influences skeletal muscle hypertrophy via the muscle clock. Cell Reports" VOLUME 36, ISSUE 1, 109336.（2021）
14) M M Mamerow, J A Mettler, K L English, S L Casperson, E Arentson-Lantz, M Sheffield-Moore, D K Layman, D Paddon-Jones. "Dietary protein distribution positively influences 24h muscle protein synthesis in healthy adults." J Nutr :144(6):876-880. (2014)
15) 厚生労働省「日本食事摂取量基準」(2020)
16) 厚生労働省「栄養調査」(平成 30 年)

## こめたんー焙煎

製パン性の良さや、香ばしいコメの香りが特長。当社の小麦たん白製品と併用すれば、小麦だけの製品と比べても食感の違いはほとんどわからない。さらに、加工デンプン製剤と併用すれば高タンパクだけではなく低糖質化でき、よりタンパク質を強化しつつ、糖質が気になる方にも栄養価値を提供できる設計に仕上げている。

## こめたんー生粋

"中華麺""タルト"に添加すると､「こめたん - 生粋」の適度な保水性が口馴染みを良くし、口腔内でのざらつきや粉っぽさを軽減することに寄与する。また、一般的な食品に添加しても色や臭いの面でさほど気にならないため、幅広く応用できる。このように炭水化物優位の食品に対して食感を損ねることなく、美味しくタンパク質を摂取できる。

# アレルギー対応

コメとSDGs　山﨑醸造㈱[※1]、新潟県農業総合研究所食品研究センター[※2]

## コメ由来の原料を用いた大豆・小麦アレルゲンを含まない醤油風味調味料の製造方法

[※1]取締役製造部長　羽田知由、[※2]園芸特産食品科 主任研究員　堀井悠一郎

醤油は和食に重要な基礎調味料の一つである。醤油の主原料は食物アレルゲンを含む大豆と小麦である。醤油の発酵・熟成の過程で大豆タンパクや小麦タンパクは分解されるため、醤油の摂取によってアレルギー症状を発症しない方々がほとんどである。その一方で、醤油でもアレルギー症状を発症する方も稀にいる。また、食品表示に小麦の記載があるために醤油の積極的な使用を控える方もいる。そこで、山﨑醸造㈱では、そのような方々でも醤油の代替として使用できる醤油風味調味料[※1]を平成31年1月に発売した。

### 開発のきっかけと試行錯誤

当社がこのような食物アレルギー対応製品について意識し始めたのは15年ほど前である。その頃に、食物アレルギーをもつ子どもの親の声を聞く機会があり、そこで子どもを守りたいという必死な思いにふれ、「醸造メーカーとして、大豆と小麦を使わない調味料を作らなければ」との思いから開発が始まった。

食物アレルギー対応の調味料の開発にあたって多くの方々に使用頂けるよう、既存の米麹や塩麹の製造ラインを使用して価格を抑えることを当初の目標とした。コメと食塩を主原料として開発を開始したが、試作を繰り返しても色は薄く、旨味は乏しく、醤油の代替にはほど遠いものしかできなかった。そのような状況のなか、コメ由来の原材料である酒粕を使用した試作品の品質が醤油に近いものとなり、わずかな希望の光が差した。

## 産官学の共同開発

開発の方向性として主原料を米麹と酒粕と食塩にするとともに、地方公設試である新潟県農業総合研究所食品研究センター（以下、食品研究センター）への相談を本格的に開始した。平成28年度からは、内閣府「地方創生推進交付金（事業名：新市場創出・米加工技術等開発事業）」のプロジェクトとして採用され、食品研究センター、新潟薬科大学との産官学の共同開発が始まった。この共同開発において当社は、食品研究センターからは最適な原料配合や原料処理方法を決めるサポートを受け、新潟薬科大学からは成分分析を実施して頂いた。これらの成果により、独自の製法を確立し、醤油の代替として相応しい品質のものが完成した。

## 濃口醤油ができるまで

濃口醤油は発酵・熟成の過程において、大豆と小麦のタンパク質および炭水化物が麹菌のもつ酵素によってアミノ酸（グルタミン酸等）および単糖類（ブドウ糖等）へ分解され、発酵により香気成分が生成され、アミノ酸と糖がメイラード反応によって褐変が進み、芳醇な風味となる。具体的には、蒸煮した大豆と炒った小麦に麹菌を接種して作った醤油麹（両味麹）に塩水を加えて発酵・熟成させた諸味（もろみ）を圧搾・ろ過した生揚（きあ）げに火入れをして醤油となる。

## コメ由来原料によるブレークスルー

濃口醤油では大豆と小麦が原材料となるところを、醤油風味調味料では酒粕と米麹に置き換えた。酒粕も米麹もコメ由来の原料であり、アレルギー対応コメはアレルギー表示特定原材料等28品目ではない。酒粕を未使用の試作品と比べて、酒粕も使用することで幾分か旨味を感じられるようになった。

## 醤油風味調味料ができるまで

酒粕と米麹を原材料とした試作品が醤油に似たものとなり開発の方向性

としては間違っていなかったが、さらなる改良が必要であった。そこで考案された方法が「酒粕の熟成」である。試作段階で酒粕を30℃で加温して熟成すると、2週間ではY値28.9（XYZ表色系、主に味噌で使用、値が大きいほど明色）の淡い色合いであったものが、6週間ではY値17.3となり、14週間ではY値8.3となった（図表1）。熟成期間の異なる3種類の酒粕を用いて醤油風味調味料を試作すると、醤油風味調味料の色の濃さは酒粕の色を反映した結果であった。熟成期間が14週間の酒粕を用いた試作品では濃口醤油に近い色（醤油標準色の色番19）に（図表2）、さらに火入れをすることで濃口醤油そのものの色（色番18）になった。これらの結果から、製品が濃口醤油に近い色になるよう酒粕をY値10以下まで熟成することとした。また、酒粕のアルコール分が発酵の妨げにならないよう食塩と水と混合した後に加熱すること、米麹の酵素の加熱失活を防ぐために酒粕と食塩と水の混合物の加熱・冷却の後に米麹を混合することが必要であった。さらに味の向上を図るため、アミノ酸と核酸系旨味成分を豊富に含む「だし」をわずかに添加することで味のバランスが整い、醤油の代替としてますます相応しい品質になった。以上の製造工程をまとめたものを図表3に示す。この製造方法は特許登録済み※2である。

図表1　酒粕の熟成期間とY値の関係

図表2　酒粕のY値と試作品の色番の関係

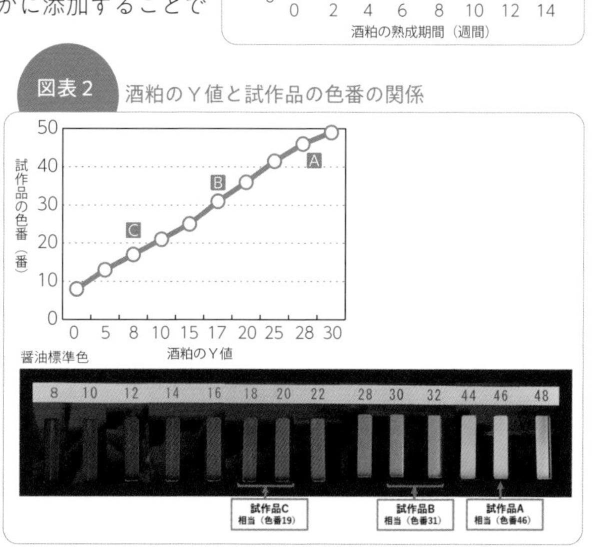

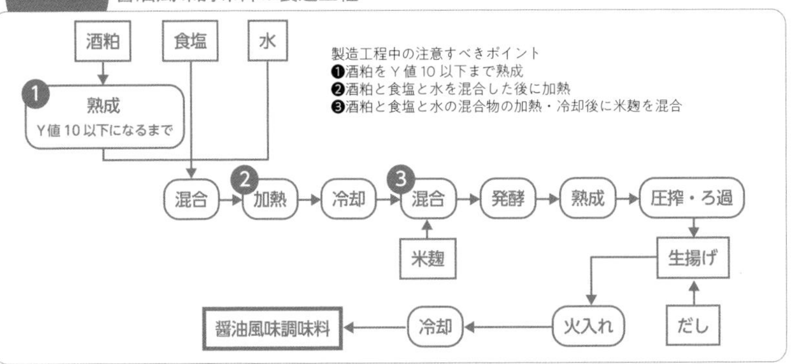


図表3 醤油風味調味料の製造工程

## 今後の課題

現在は、食物アレルゲンとの交差汚染を防止するために小規模の作業所にて手作業で製造しており、できるだけ価格を抑えるという目標は達成できておらず、さらに、生産量にも限界があるため需要に応えきれていない。今後は、商品の生産量をさらに増やし、より安価に提供できるようにすることが課題である。

※1 醤油の日本農林規格では濃口醤油の原料として大豆と麦が規定されているが、大豆も麦も使用していないため醤油風味調味料と表記する。

※2 醤油風味調味料の製造方法は令和3年10月に特許登録済み（登録番号6967244）。新潟県内の事業者で特許の使用を希望する場合は、新潟県および山﨑醸造㈱の許諾を得る必要がある。原則として新潟県外の事業者への使用許諾はお断りしている。

商品紹介

### 大豆・小麦を使わないしょうゆ

山﨑醸造㈱
☎025-883-3460

コメ由来の原材料と塩で発酵熟成させ、昆布だしと鰹節だしによるコクを持たせた。

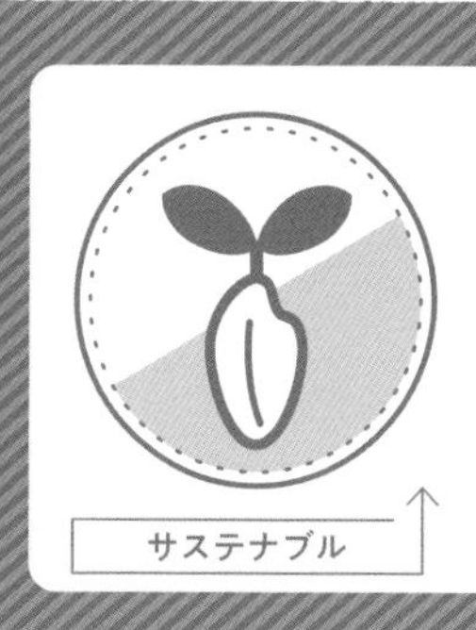


# プラントベースフード

コメとSDGs

## コメ由来チーズ代替品の開発と、今後の国内外ビジネス展開

㈱神明※

※営業本部東日本営業部　加藤寛隆

### 商品概要

「神明お米のシュレッド」は、国産米粉と植物油脂を主原料とした、世界的にも珍しい植物性ライスビーガンチーズだ。すなわち、乳不使用で植物性のチーズ代替食である。本品は発酵食品ではないが、発酵食品特有の風味付けをするため、同じ原料のコメからできた酒粕を加えている。また、旨味成分として同じくコメの中にあるタンパク質を分解し、アミノ酸として加えている。

本品は米粉専用工場で製造しているため、アレルゲンのコンタミネーションが発生しにくい。しかも、アレルギー特定原材料等28品目不使用のため、食物アレルギー患者の方も安心して食べることができる。

「加熱すると伸びる」物性がチーズに近いので、チーズの代わりにピザやピザトーストにトッピングするほか、他の植物性チーズに比べて焼き目が付きやすいので、グラタンに乗せて調理するのもおすすめ。また、もちの物性も持ち合わせているので、お好み焼きやもんじゃ焼きの具材にも適している。

当社グループ会社のモチクリームジャパンが、おもちの伸びやもちもち食感がチーズに似ていることに着目し、チーズ代替品として開発したら市場性があるのではないかというところから開発をスタート。

乳化剤を添加せず、米粉と水と植物油脂を乳化させる点が最大のポイントだ。特殊加工した米粉を使用することでそれを可能とした。

## 今後の市場性とビジネス展開

乳アレルギーの方に限らず幅広い方々に知っていただくよう、現行品のパッケージリニューアルや食味の改良を進め、国内での認知度を上げる。環境の側面からプラントベースフードが注目されるなか、認知度アップに向けたさらなる活動を行う。一般的に植物性チーズそのものの成長ポテンシャルとして、「健康増進と資源保護、環境保護、動物福祉の4分野」と分析される。健康増進・資源保護・環境保全に関しては、さまざまな世界データから、図表1のような点が判明している。

図表１　植物性チーズの成長ポテンシャル

| | |
|---|---|
| 健康増進 | 植物ベースの食事を取る人に心不全発症リスクが低いことの認識が広がっている |
| 資源保護 | 畜飼料用の耕作地が全農地の 78%を占め、農業用水の 29%が直接・間接的に畜産用として使用 |
| 環境保全 | 家畜の飼育・処理が世界の温室ガス排出量の 18.5%を占める |
| 動物福祉 | 植物性原料 100% |

今後はビーガン需要を狙い、国内よりも大きなマーケットである海外へ向けて展開するため、海外市場のマーケティングや海外向けレシピの開発を進めていく。世界チーズ市場は順調に拡大する一方、代替肉に代表されるプラントベースフードが注目を集め、植物原料の代替チーズは高いポテンシャルを秘めている。

※ブロックと粉末タイプは今後の展開を検討中

**お米のシュレッド**

㈱神明　東日本営業部
☎03-3666-2040

コメを主原料とした乳不使用の植物性チーズ。生食可能で、熱にかけるととろりと溶ける。

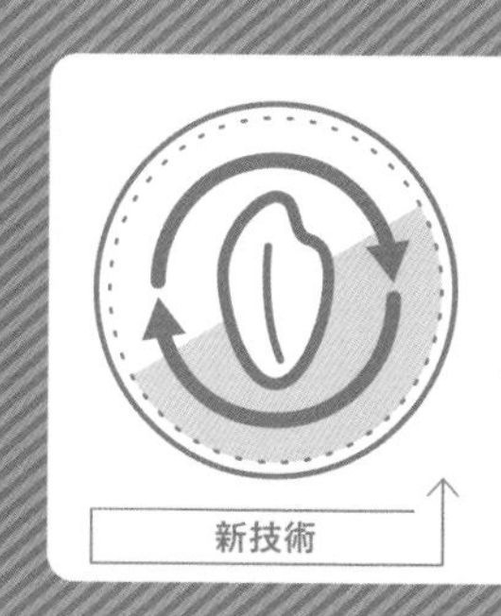

# バイオマス

コメとSDGs　㈱スマートアグリ・リレーションズ※

## 非食用米活用したバイオマス
～"お米×Tech"で社会課題を解決～

新技術

※社長執行役員　齊藤三希子

### バイオマスプラスチック「ライスレジン」とは

ライスレジンは、日本発のお米由来の国産バイオマスプラスチック樹脂である。自然災害により食用に適さなくなったコメ、古米、米菓メーカーなどで発生する破砕米など、飼料としても処理されず廃棄処分されるお米を使用し、約20年に及ぶ技術開発を経て確立した弊社独自の混錬技術によりプラスチック樹脂へとアップサイクルしている。

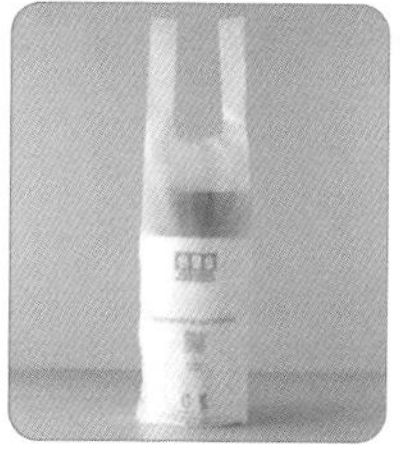

吉野家全店舗にライスレジン製持ち帰り用袋導入

具体的には、ライスレジンは、バイオマス材料（非食用米）とオレフィン樹脂を混ぜ合わせ複合化しているため、混練型複合材料または複合型バイオマスプラスチックに分類される。

なお、環境省の定義では、「その他のプラスチック代替素材（従来の化石資源由来のプラスチックから代替する天然由来の素材）」に該当する。バイオマス複合素材以外では、紙やセルロース成形品などが当てはまる。

### ライスレジンの特徴

主なライスレジンの特徴としては、以下の3つがあげられる。

**① 原料調達の安定性**

原材料となる非食用米は100%国内で調達が可能であり、石油由来樹脂のようにナフサ変動による価格影響を受けにくいため、安定的な調達が可能である。

そのため、コロナやウクライナ侵攻の影響により化石燃料価格が高騰している昨今では、海外輸入のバイオポリエチレンと十分に価格競争が可能となっており、今後、石油由来樹脂製品がさらに高騰した場合には、価格面でのアドバンテージがさらに大きく出てくるものと思料される。

### ② コメの熱可塑性

コメの加工性およびハンドリング特性がライスレジンの特徴につながっている。コメは水を加えて加熱すると糊化=アルファ化し、さらに物理的な力を加えることにより熱可塑性を示すようになり、プラスチックのように扱うことが可能となる。

可塑性とは、固体に力を加えて変形させたとき、その力を除いても元に戻らない性質のことで、加熱により可塑性が出ることを熱可塑性という。熱可塑性樹脂は温度によって液状と固体の状態の間で状態を変化する。つまり、熱可塑性樹脂は融点まで加熱すると柔らかくなり、冷やすと再び固くなる。この性質を活かして樹脂素材をリサイクル可能である。

ライスレジンも、もちろんリサイクルが可能である。実際、2021年のリサイクル実証では、クローズドループにより、ライスレジン製の箸から箸へのリサイクルに成功した。これにより、バージン材の使用料を20%削減することができた。

### ③ $CO_2$排出量の削減

現在、ライスレジンはコメを最大70%まで混錬させることが可能である。コメの含有率が高いほど、石油系プラスチックの含有量を大幅に下げることができ、原料製造時の$CO_2$排出量削減への寄与となる。なお、ライスレジンの原料であるコメは植物であるため、カーボンニュートラルの性質をもちながら、従来の石油由来樹脂と比較しても成形性や強度、耐熱性などにおいてほぼ遜色がない物性となっている。

## 機　能

コメが、その他のプラスチック代替素材の原料である木材、紙など、他のバイオマス種と大きく異なるのは、微粉砕や化学修飾などの前処理を施さなくても加熱水分共存下で糊化して熱流動することである。つまり、溶融した樹脂とでデンプンが均一なポリマーアロイを形成し、母材樹脂と同じ温度域で熱可塑性を示す。

これにより、ライスレジンでは、プラスチック成形現場における既存設備・金型での射出成形や異形押出、シート成形はもちろんのことながら、木質プラスチック複合材料（WPC）などでは難しいとされるインフレーション成形が可能である。

## 用　途

上述の通り、ライスレジンは、シート成形およびインフレーション成形が可能であるため、ライスレジン製品はレジ袋・ゴミ袋、カトラリーや食器、歯ブラシなどのアメニティ、クリアファイルやボールペンなどのステーショナリーなど、製品分類は多岐にわたる。

また、22年12月1日には、日本発のコメ由来の生分解性樹脂「ネオリザ®」を発表した。これまで、バイオマスプラスチック（ライスレジン）は100%生分解されないという課題も同時に抱えていた。この課題を解決するため、自然界に存在する微生物の働きで水と$CO_2$に分解される生分解性樹脂「ネオリザ®」の協同開発を京都大学と進めてきた。

熊本県水俣市では「ネオリザ®」で成形したごみ袋の分解による生ごみの堆肥化に関する実証実験を行い、コメによる生分解が適していることが確認できた。

# 災害食

コメとSDGs

## 求められる日常食としてのおいしさ・栄養

防災安全協会が災害食をPR（2022.6.4レイクタウン防災フェスにて）

頻発する自然災害により食料備蓄の重要性が高まるなか、災害食は今日、日常食としてのおいしさや栄養バランスに加え、電気やガスなどライフラインが途絶えたときの対応や、食物アレルギー・咀嚼機能低下への配慮など、多様な機能が求められるようになった。一方、感染症リスクやプライバシーが保たれずストレスがたまるなどで、災害時に「避難所に行きたくない」人も少なくない。ただ、自宅に非常食を備蓄する人は多いとはいえず、家庭での食料備蓄が喫緊の課題となっている。

災害食は災害発生後に爆発的に売れ、その後反動減という構図が変化し、ここ数年は売れ行きが安定している。背景に、個人需要の増加や自宅療養者の支援食料として行政の買い上げに加え、個人顧客を意識した各社の高付加価値商品の開発もある。パックご飯・かゆなど賞味期限の長い一般食品もローリングストック商材として訴求し、この分野に参入している。

尾西食品は、官公庁向け備蓄食で圧倒的なシェアを占める一方、個人客の増加にともない新需要開拓商品として21年、アルファ化米を使った「CoCo壱番屋監修尾西のカレーライスセット」を投入。同品を核に一般流通チャネル獲得や通販向けプロモーションなどが奏功している。さらに、国産米粉のグルテンフリーうどんシリーズや、パンや菓子類などもラインアップを拡充し、今や長期保存食の総合メーカーとなっている。22年9月には、「一汁ご膳」の「けんちん汁」「豚汁」2品を新発売。同品は「野菜を食べよう」をコンセプトに、大きめにカットした野菜がゴロっと入ったレトルト汁物とアルファ化米の業界初のセットアップ商品だ。従来非常食には、ご飯ものに代表される主食系が多いが、避難生活の長期化にともなう「便秘がちになる」「心安らぐ汁物がほしい」という声に応えた。レトルトの汁物と一緒の食べ方に加え、水がないときの対応として、アルファ化米を汁物で戻すと炊き込みご飯風になるよう汁物の水分量を工夫している。

全商品がアレルギー対応のアルファー食品は22年1月、お湯を注いだ後の戻り時間を5分と、従来商品より10分短縮した「安心米クイック」を発売。外国人も安心して食べられるよう裏面に5カ国語で作り方を表記するなど、ユニバーサルデザインを採用し、避難所や宿泊施設需要にも対応している。また、「北海道産ほたて貝柱のおかゆ」は、国産米に北海道産ほたて干し貝柱をぜいたくに配合した優しい味わいで、日常食としてのおいしさを追求。同時に水や食器、調理不要で温めずそのまま食べられるなど、非常食としての機能も兼備したレトルトタイプ長期保存食となっている。要配慮者にも対応し、日本介護食品協議会が進めるユニバーサルデザインフードの「舌でつぶせる」に相当する。

サタケは22年8月、「マジックライス」で保存期間を5年から7年間に延長し、調理時間を15分から7分に短縮した「ななこめっつ」シリーズ4品を新発売した。防災備蓄が進むなか、更新の際に発生する廃棄問題解消に貢献するためだ。さらに、多くの商品で「量が多すぎる」問題にもいち早く対応し、22年秋、出来上がり120～130gの「ミニシリーズ」を投入。この「ななこめっつ」も同200gでおにぎり2個分の食べきりサイズとしている。

一般食品からの参入では、はくばくが「もち麦のポタージュスープ粥」シリーズにおいて、温めなくてもそのままおいしく食べられる点や、野菜具材がたっぷりなメリットを生かし、日常のなかで食料備蓄を取り組むことを推奨。精米最大手の神明グループも、多様なサイズ、原料米品種をラインアップしたパックご飯で、同様の訴求に余念がない。

# アップサイクル

コメと SDGs

## 非可食部を新食材に再生

### 過熱蒸煎機で食品ロス削減に貢献

わが国の食品ロス量は年間約 570 万 t に上る。これは、国連による世界の食糧援助量の約 1.4 倍に上る驚きの数字だ。実は、野菜の芯や皮、ヘタなど非可食部を含む廃棄物総量は 2,531 万 t と、可食部ロスの 4 ～ 5 倍に及ぶ隠れ廃棄物が存在している。この問題解決に貢献しようと ASTRA FOOD PLAN は、食品乾燥殺菌装置「過熱蒸煎機」を開発した。

食品残さを再生する AFP の過熱蒸煎装置

フードテックベンチャーの同社は、フードロス問題のなかで未着手とされる不可食部のアップサイクルを目指し、同機の販売と、これを利用した新食材・用途開発による社会実装の推進を通じて、サスティナブルな社会の実現を目指している。

従来廃棄されていたキャベツの外葉

「過熱蒸煎機」は、過熱水蒸気技術を用いて、食材の風味劣化と酸化、栄養価の減少を抑えながら、乾燥と殺菌を同時に行うことで、付加価値の高い食材にアップサイクルすることができる装置だ。汎用性が高く、火加減や過熱水蒸気量を調整することで多様な原料を処理することができる。秘けつは、ボイラーレスの独自過熱水蒸気発生装置の開発にある。同装置によりエネルギー効率がきわめて高くなり、フリーズドライなど従来型乾燥装置より約24倍の生産効率を実現した。従来なら丸1日かかる乾燥・殺菌工程をわずか1時間に短縮できる。

同社は本社内にラボを設け、食品残さの活用で課題をもつ食品メーカーや生産者と一緒に、同機を用いたテスト行うほか、出来栄え確認や時間当たり処理能力、歩留まりなども測定し、装置導入のための検討材料として提供。小規模の委託加工も行っている。

## 規格外椎茸で調味料にアップサイクル

過熱蒸煎機はすでに椎茸生産の農業法人「妙義ナバファーム」に導入されている。妙義ナバファームでは従来、年間約1,500 tの生産量に対し約100 tも発生する規格外・出荷調整品を干し椎茸に加工している。これらを加工するために灯油を燃料とする温風乾燥装置で24時間近く乾燥するのだが、その灯油代が負担となっていた。とくに、冬場は生産量も増加し、規格外・余剰椎茸の発生量も増えるが、夏場よりエネルギーコストが倍増。半面、規格外で価格も安く、採算悪に陥っていたのだった。そこで、これら規格外菌床椎茸を過熱蒸煎機により新たなうまみ調味料へアップサイクルする取組みを行っている。

## 酒粕パウダーを飼料や食品に

過熱蒸煎機によるアップサイクルでは、コメ関連への応用でもさまざまな実験や検討が行われている。たとえば、従来乾燥パウダーへの加工はコストがかかり過ぎる、粘性のある酒粕や米ぬかでの実験が進められている。なかでも酒造メーカーで大量に発生する酒粕から作ったパウダーを、飼料に配合し給餌することでブランド豚として販売することや、抗酸化作用を生かしたサプリメント、香りやうまみを生かしたスイーツ類への配合も検討されている。

酒粕は特有の粘性があり加工が容易でない

担い手支援

# 多収穫米の品種改良と普及、今後の展望について

国立研究開発法人農業・食品産業技術総合研究機構　作物研究部門
スマート育種基盤研究領域　竹内善信、松下　景

わが国のコメの消費量は、単身世帯と共働き世帯の増加等の社会構造の変化や食生活の変化にともない年々減少傾向にある。国民1人当たり年間消費量は、1962年の118.3kgをピークに低下し続け、2021年には半分程度の51.8kgとなっている。

コメ消費量の内訳をみると、ごはんを家で食べる割合（家庭内消費量）が減少し、中食や外食の消費割合が増加している。中食や外食の消費割合は1985年度には15.2%であったが、2021年度には30.7%に増加している。米穀安定供給確保支援機構は、2035年には40%とさらに増加する可能性があると推計している。社会構造と食生活が変化するなかで、中食・外食によるコメ消費は今後も重要な位置づけになっていくことが予想される。

このような状況の下、農研機構では北海道から九州までの各地域で栽培可能な多収穫米品種として、「雪ごぜん」「ちほみのり」「つきあかり」「にじのきらめき」「あきだわら」「ほしじるし」「とよめき」および「たちはるか」等を育成してきた。本稿では、これらの品種のうち、以下4品種の特性について紹介する。

## ちほみのり

ちほみのりは、東北農業研究センターにおいて「奥羽382号（後の「萌えみのり」）」に「青系157号」を交雑した雑種後代から選抜し育成した、多収で直播栽培向きの良食味水稲品種。育成地（秋田県大仙市）での移植

「ちほみのり」の栽培特性

| 品種名 | 出穂期 | 成熟期 | 稈長 | 穂長 | 穂数 | 倒伏 | 玄米重 | 同左比率 | 千粒重 | 玄米外観品質 | 食味 |
|---|---|---|---|---|---|---|---|---|---|---|---|
| | (月.日) | (月.日) | (cm) | (cm) | (本/㎡) | (1無倒伏～5完全倒伏) | (kg/a) | (%) | (g) | (1良～9否) | (3優～-3劣) |
| 標肥栽培（2009～13年） | | | | | | | | | | | |
| ちほみのり | 8.06 | 9.17 | 72 | 16.9 | 514 | 1.1 | 69.3 | 111 | 23.3 | 4.5 | -0.12 |
| あきたこまち | 8.08 | 9.19 | 84 | 17.3 | 474 | 3.2 | 62.5 | 100 | 22.6 | 4.4 | -0.19 |
| 多肥栽培（2012～13年） | | | | | | | | | | | |
| ちほみのり | 8.07 | 9.22 | 72 | 16.8 | 620 | 1.8 | 80.8 | 128 | 22.7 | 4.6 | - |
| あきたこまち | 8.08 | 9.22 | 86 | 17.5 | 571 | 3.8 | 63.2 | 100 | 21.9 | 4.7 | - |

標肥栽培のチッソ成分；0.90kg/a(2009～10年)、0.70kg/a(2011～13年)、多肥栽培のチッソ成分；1.20kg/a。食味評価は「ひとめぼれ」基準で実施。
農研機構東北農業研究センター北大仙研究拠点（秋田県大仙市）にて栽培。

ちほみのりの系譜

南海128号
はえぬき
萌えみのり
青系134号
青系136号
青系157号
ちほみのり

標肥栽培における特徴は、出穂期と成熟期はともに「あきたこまち」より2日程度早く、東北地域では“かなり早”に属する。

・玄米収量は標肥栽培で「あきたこまち」より約11%、多肥栽培で約28%多収
・玄米の外観品質は「あきたこまち」と同等
・白米のアミロース含有率、玄米のタンパク質含有率は「あきたこまち」と同程度
・炊飯米は「あきたこまち」と同程度で良食味
・障害型耐冷性は“中”

稈長が短いため、移植多肥栽培や直播栽培においても倒伏はほとんど認められない。「あきたこまち」より直播栽培で多収であるため直播栽培に適し、良質で低価格の中食・外食用途に適すると考えられる。新潟で準奨励品種に採用され、秋田、宮城、福島等の県で産地品種銘柄に指定され約2,200ha作付されている。

## つきあかり

つきあかりの系譜

「つきあかり」は、極良食味品種の開発を目標として、中日本農業研究センター北陸研究拠点において、宮崎県の在来品種「かばしこ」を母とし、「北陸200号」を父とした人工交配を行い、さらに、そのF1を母に、「北陸208号」を父として三系交配を行って選抜・育成された多収の極良食味水稲品種。

・玄米収量は、標肥栽培、多肥栽培のいずれも「あきたこまち」より約8%多収

「つきあかり」の栽培特性

| 品種名 | 出穂期 | 成熟期 | 稈長 | 穂長 | 穂数 | 倒伏 | 玄米重 | 同左比率 | 千粒重 | 玄米外観品質 | 食味 |
|---|---|---|---|---|---|---|---|---|---|---|---|
| | (月.日) | (月.日) | (cm) | (cm) | (本/㎡) | (1無倒伏~5完全倒伏) | (kg/a) | (%) | (g) | (1良~9否) | (5優~-5劣) |
| 標肥栽培(2011~15年) | | | | | | | | | | | |
| つきあかり | 7.27 | 9.01 | 77 | 20.0 | 310 | 0.8 | 64.6 | 109 | 23.9 | 5.0 | 1.12 |
| あきたこまち | 7.26 | 8.31 | 87 | 18.5 | 399 | 1.0 | 59.1 | 100 | 21.5 | 4.9 | 0.55 |
| コシヒカリ | 8.04 | 9.14 | 95 | 19.1 | 403 | 4.3 | 62.5 | 106 | 22.6 | 6.1 | 0.84 |
| 多肥栽培(2013~15年) | | | | | | | | | | | |
| つきあかり | 7.27 | 9.06 | 79 | 20.7 | 367 | 1.8 | 68.4 | 108 | 23.7 | 5.7 | - |
| あきたこまち | 7.26 | 9.03 | 91 | 19.4 | 418 | 3.2 | 63.1 | 100 | 21.5 | 5.0 | - |
| コシヒカリ | 8.05 | 9.16 | 103 | 19.4 | 448 | 4.8 | 57.3 | 91 | 21.9 | 5.8 | - |

標肥栽培のチッソ成分;0.60kg/a、多肥栽培のチッソ成分;0.90kg/a。食味評価は「日本晴」基準で実施。
農研機構中日本農業研究センター北陸研究拠点(新潟県上越市)にて栽培。

・千粒重は「あきたこまち」より2gほど重い
・玄米外観品質は「あきたこまち」並かやや劣る

炊飯米は「コシヒカリ」と比較して外観と味が良く、粘りは強いが硬い。総合評価では「あきたこまち」に優り、「コシヒカリ」と同等以上である。冷めても食味が良く食味の低下が少ないことから、中食・外食向けの多収穫米としても利用が期待される。新潟、長野、島根で奨励品種に採用され、福島、山形等の県で産地品種銘柄に指定され、約4,000ha作付されている。

## にじのきらめき

にじのきらめきの系譜

「にじのきらめき」は、多収で玄米外観品質が優れ、かつイネ縞葉枯病に抵抗性品種の育成を目標として、中日本農業研究センター北陸研究拠点において、多収で高温登熟性に優れた「西南136号(後の「なつほのか」)」と、イネ縞葉枯病抵抗性遺伝子を有する「北陸223号」の交雑後代から育成された多収の良食味水稲品種。

・玄米収量は「コシヒカリ」に対して標肥栽培で15%、多肥栽培では約30%多収

「にじのきらめき」の栽培特性

| 品種名 | 出穂期 | 成熟期 | 稈長 | 穂長 | 穂数 | 倒伏 | 玄米重 | 同左比率 | 千粒重 | 玄米外観品質 | 食味 |
|---|---|---|---|---|---|---|---|---|---|---|---|
| | (月.日) | (月.日) | (cm) | (cm) | (本/㎡) | (1無倒伏~5完全倒伏) | (kg/a) | (%) | (g) | (1良~9否) | (5優~-5劣) |
| 標肥栽培(2013~17年) | | | | | | | | | | | |
| にじのきらめき | 8.05 | 9.18 | 71 | 19.6 | 416 | 0.0 | 71.9 | 115 | 24.6 | 4.0 | 1.12 |
| コシヒカリ | 8.05 | 9.14 | 96 | 19.0 | 399 | 4.2 | 62.7 | 100 | 22.4 | 5.8 | 0.97 |
| 多肥栽培(2014~17年) | | | | | | | | | | | |
| にじのきらめき | 8.06 | 9.19 | 74 | 20.4 | 474 | 0.0 | 75.8 | 129 | 23.9 | 4.4 | - |
| コシヒカリ | 8.04 | 9.15 | 101 | 19.6 | 449 | 4.8 | 58.9 | 100 | 21.7 | 5.9 | - |

標肥栽培のチッソ成分;0.60kg/a、多肥栽培のチッソ成分;0.90kg/a。食味評価は「日本晴」基準で実施。
農研機構中日本農業研究センター北陸研究拠点(新潟県上越市)にて栽培。

・玄米の千粒重は「コシヒカリ」より２ｇ程度重い
・玄米の外観品質は「コシヒカリ」より優れている

炊飯米の食味は「コシヒカリ」並の良食味である。多収で高温登熟耐性と縞葉枯病抵抗性を備えた「コシヒカリ」の置き換え品種として期待されている。茨城、群馬、静岡、佐賀で奨励品種に採用され、その他９県で産地品種銘柄に指定され、約2,000ha作付されている。

## ほしじるし

「ほしじるし」は、耐倒伏性と縞葉枯病抵抗性を備えた多収・良食味品種を育成することを目標に、作物研究部門において「関東199号」を母、「関東209号（後の「さとじまん」)」を父とする交配組み合わせから育成された多収の良食味水稲品種。

ほしじるしの系譜

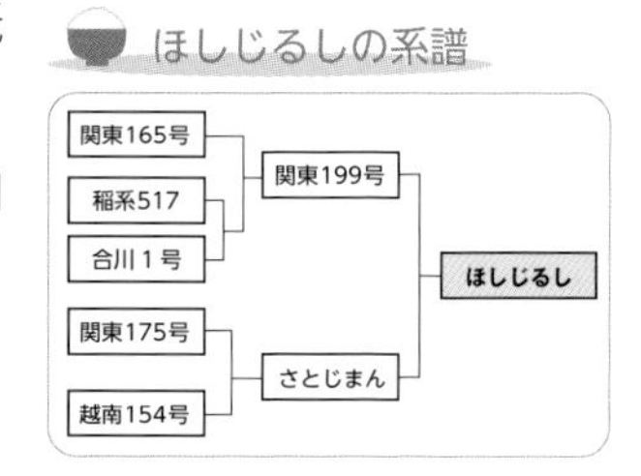


・玄米収量は「月の光」より15%程度多収
・玄米の千粒重は23g程度で「月の光」よりも１～２ｇ重い
・白米のタンパク質含有率は「月の光」よりやや低い
・炊飯米の硬さは「コシヒカリ」よりわずかに硬い

食味の総合評価は「コシヒカリ」並の良食味である。縞葉枯病常発地や麦跡晩植栽培向けの中食・外食用途の多収良食味品種として、普及が期待される。岐阜で奨励品種に採用され、茨城、栃木等の県で産地品種銘柄に指定され、約2,000ha作付されている。

「ほしじるし」の栽培特性

| 品種名 | 出穂期 | 成熟期 | 稈長 | 穂長 | 穂数 | 倒伏 | 玄米重 | 同左比率 | 千粒重 | 玄米外観品質 | 食味 |
|---|---|---|---|---|---|---|---|---|---|---|---|
| | (月.日) | (月.日) | (cm) | (cm) | (本/㎡) | (1無倒伏～5完全倒伏) | (kg/a) | (%) | (g) | | (5優～-5劣) |
| 多肥栽培（2012～17年） | | | | | | | | | | | |
| ほしじるし | 8.12 | 9.30 | 82 | 20.2 | 383 | 強 | 74.7 | 115 | 22.5 | 中上 | 0.39 |
| 月の光 | 8.13 | 9.30 | 87 | 20.4 | 363 | 強 | 65.1 | 100 | 21.1 | 中上 | -1.83 |
| あさひの夢 | 8.16 | 10.03 | 82 | 20.4 | 347 | 強 | 63.7 | 98 | 21.8 | 中上 | - |

多肥栽培のチッソ成分；1.20kg/a。食味評価は「コシヒカリ」基準。農研機構作物研究部門（茨城県つくばみらい市）にて栽培。

## 今後の展望

中食・外食に用いられる多収穫米の需要は今後も堅調であると考えられる。中食・外食に適するコメには、「コシヒカリ」等に代表される良食味ブランド米とは異なり、良食味でありながら比較的低価格で取引されることと、低価格をカバーする高い収量性が求められる。農業就労者の減少や高齢化にともない水田栽培面積の大規模化が進んでおり、生産者には効率的な農作業を可能にする品種が選択されるようになってきている。すなわち、これまで以上に生産者にとって「作りやすくたくさんとれて売りやすいイネ」が求められる。また、肥料等の農業資材が高騰しているため、低コスト栽培が可能な品種の育成が期待されている。

今後は、交配予測、形質予測、DNA マーカー選抜、高速世代促進技術を用いて、低窒素投入栽培条件下において、極多収で直播栽培に適性があり、病虫害抵抗性が優れる良食味米品種の育成を迅速に進める必要があると考えている。

〔引用文献〕
安東郁男、根本博、加藤浩、太田久稔、平林秀介、竹内善信、佐藤宏之、石井卓朗、前田英郎、井辺時雄、平山正賢、出田収、坂井真、田村和彦、青木法明（2011）「多収・良食味の水稲新品種「あきだわら」の育成」育種学研究（13, 35-41）
太田久稔、山口誠之、福嶌陽、梶亮太、津田直人、中込弘二、片岡知守、遠藤貴司（2016）「多収で直播栽培向きの良食味水稲品種「ちほみのり」の育成」東北農研研報（118, 37-48）
坂井真、田村克徳、梶亮太、田村泰章、片岡知守（2014）「多収で直播栽培に適し、いもち病、縞葉枯病に強い良食味水稲品種「たちはるか」の育成」育種学研究（16, 162–168）
佐藤宏之、平林秀介、石井卓朗、安東郁男、根本博、加藤浩、太田久稔、竹内善信、出田収、前田英郎、井辺時雄、春原嘉弘、平山正賢、常松浩史、池ヶ谷智仁（2019）「縞葉枯病抵抗性を備え業務用米に向く多収・良食味水稲新品種「ほしじるし」の育成」次世代作物開発研究センター研究報告（2, 35-51）
笹原英樹、後藤明俊、重宗明子、長岡一朗、松下景、前田英郎、山口誠之、三浦清之（2018）「早生で多収の極良食味水稲品種「つきあかり」の育成」農研機構研究報告中央農研（6：1-21）
農林水産省（2022）米をめぐる参考資料
長岡一朗、笹原英樹、松下景、前田英郎、重宗明子、山口誠之、後藤明俊、三浦清之（2023）「高温登熟性と耐倒伏性に優れ，イネ縞葉枯病抵抗性を備えた多収の水稲新品種「にじのきらめき」の育成」DOI https://doi.org/10.1270/jsbbr.19J04
米穀安定供給確保支援機構（2016）「中食・外食事業者等の米の仕入等の動向」米に関する調査レポート（H28-1, 1-8）
保田浩、林怜史、清水博之、安東郁男、横上晴郁、松葉修一、池ヶ谷智仁、黒木慎、田村泰章、八木岡敦、君和田健二、長南友也（2021）「北海道の業務用向け多収品種「雪ごぜん」の育成」北農（88(1)7-11）

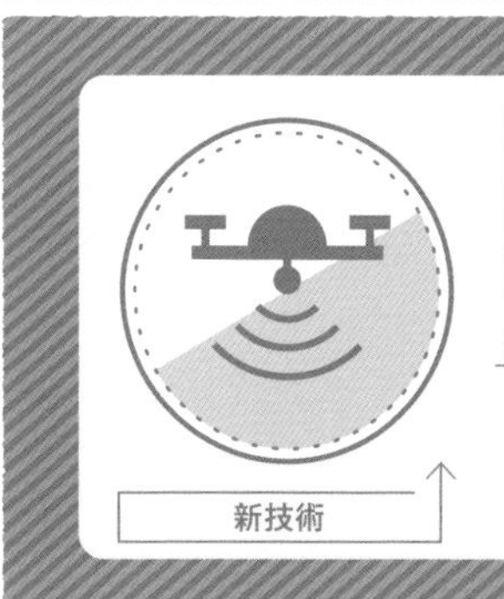


# スマート農業：栽培

担い手支援　㈱神明

## 多収穫米で空中直播栽培

### ドローンを使った空中直播栽培

ドローンを使った空中直播実証実験

「田植え」が初夏の風物詩ともいえるわが国では、古来、他の場所で苗を育て水田に移植する栽培方法が営まれてきた。だが、高齢化や担い手不足が深刻な日本農業。直近のコロナ禍での業務用需要の低迷による相場下落も重なり、農作業の効率化と省力化、人件費削減、収穫量確保などが急務となっている。

そこで、稲作でもっとも重労働といわれる育苗作業が不要な直播栽培に注目が集まっている。鉄コーティングに代表される直播専用の種子加工や肥料、コンバインの最適機種などが開発された技術革新も後押ししている。とくに、担い手に農地が集積する昨今、経営規模拡大に付随し、育苗作業用設備の新たな投資が必要となり二の足を踏む生産者も多く、大規模化のネックとなっている。この点でも育苗作業の省力化と、付随する設備投資が不要となる直播栽培への期待が高い。

コメ卸大手の神明は、稲作の完全自動化（ロボット化）を視野に2022年5月、ドローンを用いて多収穫米「大粒ダイヤ」の空中直播実証実験をスタートした。神明は、「お米を通じて素晴らしい日本の水田、文化を守る」を掲げ、調達のリソースとなる農業分野へのアプローチを強化している。

## 直播用には鉄コーティング処理した種もみ

直播でよく用いられるのは、鉄コーティング処理した種もみ。水に浮きにくいため表面播種でき、さらに、鳥害や病害のリスクを減らすことができる。また、収穫期が遅くなるので作期を分散できる。

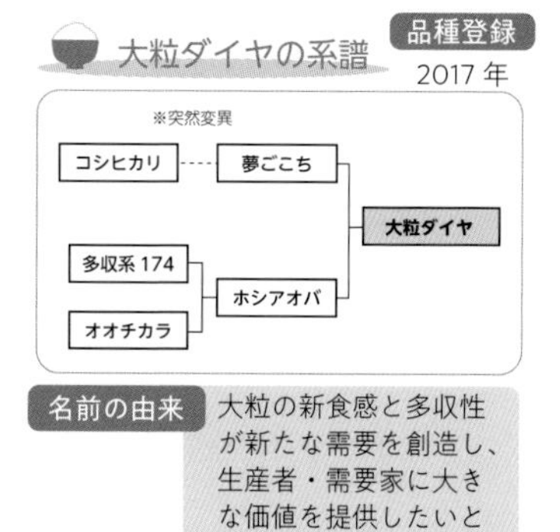

資料：トオツカ種苗園芸

今回採用した「大粒ダイヤ」は、2018年から本格的な作付け拡大に取り組んでいるイネの品種で、22年産米では、福島県を中心に宮城県から宮崎県まで全国22県約600haを栽培。圧倒的な粒の大きさとほどよい粘り、冷めても炊きたてのおいしさが持続する特徴がある。直播栽培には必須条件の倒伏しにくい特徴も有している。神明が種もみの独占的販売権を保有するこのコメは、大粒かつ多収穫で収量アップに貢献でき、しかも良食味だ。何より、収穫されたコメは神明が全量買い取り、生産者にとっては契約栽培で安定収入が得られる点に、取組みの独自・優位性があることは間違いない。

## 地球観測衛星のデータを活用した「宇宙ビッグデータ米」

日本の農業は、生産者の高齢化・担い手不足など、生産者の努力だけでは解決できない課題を抱えている。また、温暖化や気候変動の影響により、農作物の生育や生産量にも大きな影響を与える可能性がある。

そこで、神明では宇宙ベンチャー「天地人」と農業ITベンチャー「笑農和」と協業して地球観測衛星のデータを活用した農業を確立するプロジェクトを立ち上げ、栽培・収穫・販売を開始した。

プロジェクトの目的の一つは、高温障害によるコメの食味・品質劣化の回避である。近年の地球温暖化によって「高温障害」が多発しており、コメの外観品質の劣化と食味の低下が懸念されている。この問題に関して、圃(ほ)場選びや水の管理で回避できると考えている。

天地人は、JAXA職員と農業IoT分野に知見のある開発者が設立。地球観測衛星のデータを活用した土地評価エンジン「天地人コンパス」を使って、農業に関わるプロジェクトを行っている。笑農和は「スマホで簡単に水管理」ができるスマート水田サービス「paditch（パディッチ）」シリーズを販売している企業である。

## 宇宙から米作りに最適な土地を探しコメを栽培

9月頃圃場の様子（山形県鶴岡市内）

「宇宙ビッグデータ米」は、３社の強みを活かした先進的な米作りだ。「天地人コンパス」を活用して神明の独自品種「ふじゆたか」の栽培最適地を日本全国から探し、山形県鶴岡市での栽培を決定。栽培には、「paditch」を活用。夜間の冷たい水を何時間取り入れることが水温に影響を与えるかを意識し、自動制御を行った。

宇宙ビッグデータ米の栽培と収穫は2021年に続き、２度目となった。22年産は、コメのおいしさを表す指数の一つである食味スコア※で、トップブランドと遜色ないスコアを獲得。品質の高いコメが収穫できた。

23年は、さらに面積を増やして栽培に取り組む予定としている。

※ 機器名：静岡製機 AG-RD 食味計で計測

商品紹介

### 宇宙ビッグデータ米

㈱神明
☎03-3666-2040

神明の直営店「米処四代目益屋」や JAXA グッズ等の販売をしている「宇宙の店」で販売。

# スマート農業：農機

担い手支援　　ヤンマーアグリ㈱

## ヤンマーが取り組む スマート農業について

国連によると、2050年の世界の人口は97億人まで増加する見込みで、それにともなう食糧不足の問題が懸念されている。また、近年の異常気象による農作物の不作が世界各地で報告されており、気候の変動は作物の生育に影響を与え、適期作業のタイミングが難しくなっている。日本農業においても、高齢化や後継者不足が進み、離農が増加することで耕作放棄地が拡大し、農業生産量は減少傾向にある。そんななか、平均経営耕地面積の大規模化など、農業を取り巻く環境は、世界規模で課題が山積みとなっている。この危機的状況を打破するため、近年では、ロボット技術やICT等の先端技術を活用した「スマート農業」の導入に期待が高まっており注目を集めている。

図表1　スマート農業を導入するメリット

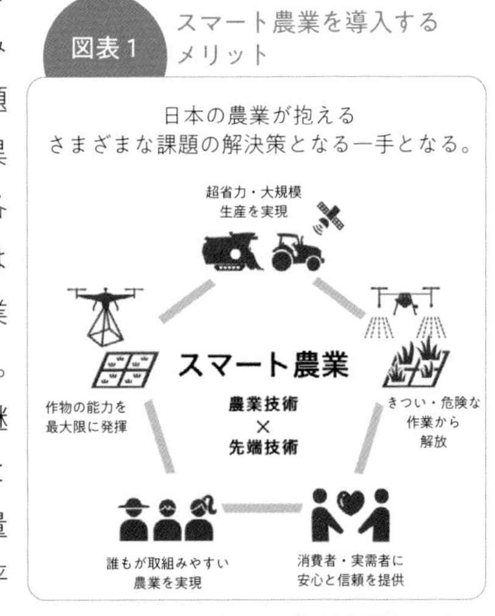


### スマート農業のメリット（図表１）

・農家の高齢化による深刻な労働力不足の改善に期待
・農作業の省力化・高能率化・高精度化を実現し、営農コストを低減

・新規就農者へ栽培技術の継続的な継承
・データの蓄積による栽培計画や人材育成への活用
・夜間でも作業ができ、規模拡大・適期作業が行いやすくなる

## ヤンマーが考える未来の農業

これからの農業には、ますますデータ分析によるマネジメントが重要になる。ヤンマースマート農業は、情報を蓄積・分析することで農業を見える化できる「SA-R（スマートアシストリモート）」を中心に、さまざまなデータと連携できる営農サポートの取組みを行っている（図表２）。

たとえば、農業機械は、従来の農業機械としての働きだけでなく、圃場での作業エリアや作業内容などを収集し「SA-R」に集約する。それを受けた「SA-R」は、適切な生産計画のもと、次の作業エリアや作業内容を指示する。外部との農業サービスシステムや企業システムとも連携し、市況や農地などの情報も「SA-R」に統合。さまざまな情報データを総括的に蓄積・分析することで、安定した品質と収量の確保、軽労化に貢献している。

図表２　ヤンマーが提供するスマート農業

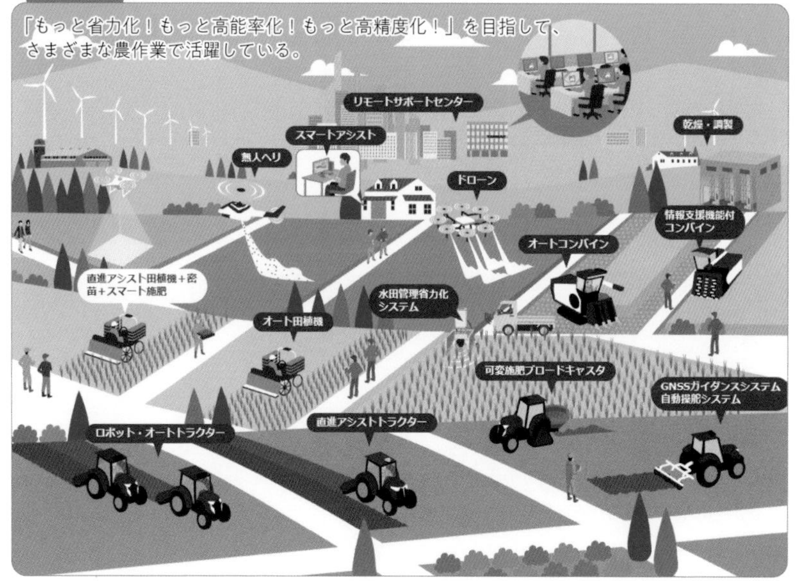

## 次世代の農業を拓くテクノロジー

SMARTPILOT®（スマートパイロット）は、位置情報やロボット技術などのICTを活用して農作業の省力化・効率化、高精度化を実現する自動運転技術を搭載した農業機械シリーズの総称を指す。ヤンマーグループの技術を集結し、高精度自動走行技術、直感的な操作性、安全性確保技術の研究開発を進め、次世代の農業をサポートする。

ロボットトラクター・オートトラクターやオート田植機では、高精度な作業を実現するために、最先端技術のRTK-GNSS方式※1を採用。移動局（作業車）は衛星（GNSS）から受信する位置情報と固定基地局や電子基

※1　RTK
（Real Time Kinematic）
…補正情報をリアルタイムで受信することで、測位精度を高めることができる。

図表3　高精度な自動走行制御技術

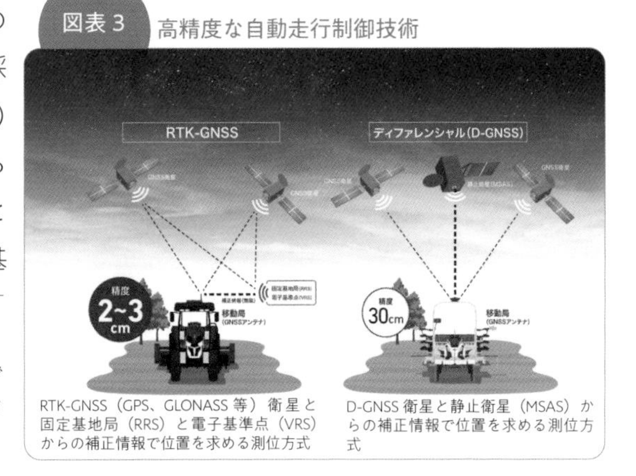


RTK-GNSS（GPS、GLONASS等）衛星と固定基地局（RRS）と電子基準点（VRS）からの補正情報で位置を求める測位方式

D-GNSS衛星と静止衛星（MSAS）からの補正情報で位置を求める測位方式

図表4　ロボット農機の自動化レベル

トラクターのケース

| 自動化レベル | LV0 手動操作 | LV1-1 自動操舵 | LV1-2 搭乗での自動走行 | | LV2-1 人の侵入 低環境自律走行 | LV2-2 人の侵入 高環境自律走行 | LV3 完全無人自律走行 |
|---|---|---|---|---|---|---|---|
| 操作状態 | | | | | | | |
| 操作環境 | 搭乗 | 搭乗 | 搭乗 | 搭乗 | 近距離・随伴監視 | 遠距離監視 | 遠距離監視 |
| トラクター | ガイダンス | 自動操舵 | 直進アシストトラクター | オートトラクター | ロボットトラクター | | Caming soon |
| 特長 | ・走行や作業、緊急停止などを全て人が手動で操作 | ・共用可能<br>・後付け可能（自動操舵設定の汎用性が高い） | ・直進時のハンドル操作を自動化 | ・人が乗り、直進走行の際にハンドル操作など一部自動化<br>・熟練度に関わらず高精度な作業ができる | ・無人で自立作業が可能（近距離もしくは随伴作業にて監視）<br>・協調作業が1人で可能 | | ・無人状態で全ての操作を自動化<br>・使用者はモニターなどで遠隔監視 |

準点から受信する補正情報の２つの電波で高精度に位置を求めている。また、直進アシストトラクターや直進アシスト田植機はD-GNSS方式を採用。外部からの補正情報を利用せず、GNSS衛星や静止衛星MSASの電波のみで位置を求めている（図表３）。

ロボット農機の自動化は有人から無人まで３段階のレベルがあり、ヤンマーはレベル２まで進んでいる（図表４）。

## 農業を食農産業へ

農林水産省は2021年５月「みどりの食料システム戦略」を策定した。ヤンマースマート農機では、衛星データや過去の生育状況等に基づく施肥マップと連動する可変施肥田植機や、省力化技術「密苗」と親和性の高いペースト施肥田植機が、みどりの食料システム法に基づく基礎確立事業実施計画の認定を受け、みどり投資促進税制の対象機種として認定されている（図表５）。

限りある耕作面積。人口増加により高まる食糧需給。減少する農業人口。ヤンマーは、これまでの機械化・省力化技術に加え、SMARTPILOT®（スマートパイロット）などのICTを活用したテクノロジーを集結し、持続可能な農業を目指す。

図表５　「みどりの食料システム戦略」への対応

ザルビオ フィールドマネージャー
衛星データを基に過去の生育状況等に基づく施肥マップと連動

可変施肥田植機　YR8DA

### ヤンマーについて

1912年に大阪で創業したヤンマーは、1933年に世界で初めてディーゼルエンジンの小型実用化に成功した産業機械メーカー。「大地」「海」「都市」のフィールドで、産業用エンジンを軸に、アグリ、建機、マリン、エネルギーシステムなどの事業をグローバルに展開している。“A SUSTAINABLE FUTURE —テクノロジーで、新しい豊かさへ。—”をブランドステートメントに掲げ、次の100年へ向けて持続可能な社会の実現に貢献する。

〈監修者の略歴〉
大坪　研一（おおつぼ けんいち）
新潟薬科大学　特任教授

大分県出身。農学博士。1974年東京大学理学部卒業、75年農林水産省入省。90年食品総合研究所穀類特性研究室長となり、97年米のDNA品種判別技術を開発。2008年新潟大学教授、11年同産学地域連携推進センター長を経て、16年新潟薬科大学応用生命科学部教授に就任。19年農水省農産物規格検討委員会および農水省穀類判別器ワーキングチームの座長を務める。08年～食の新潟国際賞財団理事。

〈主な著書〉
『日本一おいしい米の秘密』講談社（2006年）、『マンガでわかる米の疑問』SBクリエイティブ（2014年）、『米の機能性食品化と新規利用技術・高度加工技術の開発』㈱テクノシステム（2022年）ほか

再発見！コメの魅力
お米の未来
定価2,200円（本体2,000円＋税10%）

2023年4月12日　初版発行
2023年6月14日　初版2刷発行

発行人　杉田　尚
発行所　株式会社日本食糧新聞社
編集　〒101-0051　東京都千代田区神田神保町2-5北沢ビル
電話03-3288-2177　FAX03-5210-7718
販売　〒104-0032　東京都中央区八丁堀2-14-4ヤブ原ビル
電話03-3537-1311　FAX03-3537-1071
印刷所　株式会社日本出版制作センター
〒101-0051　東京都千代田区神田神保町2-5北沢ビル
電話03-3234-6901　FAX03-5210-7718

ISBN978-4-88927-286-4 C2061
本書の無断転載・複製を禁じます。
乱丁本・落丁本は、お取替えいたします。

お米の粉で作る
スイーツ実演・試食
ブースNo.FF-39
イタリアンレストラン「タベルナ・アイ」
オーナーシェフ 今井 寿氏
3日間
開催
シークレット
ゲスト
3名予定

米粉の新基準。
ノングルテン
NON-GLUTEN

JAScert

JAS認証
国内第一号 取得。

ノングルテン米粉の製造工程管理JAS とは

令和2年10月に農林水産省が定めた、米粉の製造工程においてグルテンが混入する可能性のある箇所を特定し、グルテン混入を防ぐことにより、製品のグルテン含有量が1ppm 以下となるように製造工程を管理する規格。

上新粉・米粉カテゴリー
※2022年1月～2022年12月
日経POSデータ
上新粉・米粉カテゴリーより

株式会社 波里
〒327-0046 栃木県佐野市村上町903
TEL.0283-23-7331（代表） FAX.0283-23-5401
https://www.namisato.co.jp
info@namisato.co.jp

おいしさプラス健康を
まいにちの食卓に
玄米食専用品種
金のいぶき
豊富な栄養で美容と健康をサポート
金のいぶき おいしいレシピ
検索
株式会社 金のいぶき
〒105-0012 東京都港区芝大門1-1-33 三洋ビル2F
Tel：03-6450-1834 https://www.kin-ibuki.jp
[金のいぶき Instagram]
@kinnoibuki をフォロー

お米屋さんが考えた、
いつもと違うこだわりごはん
加圧炊き半生製法。
もっちり発芽ブレンド
発芽玄米ごはん
もち性の品種を配合し、
よりもっちり美味しくなった一品。
hatsuga genmai
プチっとはじける玄米の甘み
金のいぶき 玄米ごはん
胚芽が通常玄米の約3倍。
もっちり食感と一粒一粒の
あま旨味を感じる一品。
genmai gohan
旨みたっぷり雑穀の贅沢食感
十六雑穀ごはん
十六雑穀すべて国内産使用。
雑穀の食べやすさ
美味しさを考えた一品。
juroku zakkoku
国産生姜香るもちプチ食感
生姜プラス もち麦ごはん
粘りのある、もち性の
〈キラリモチ〉を使用。
ほっこり香る生姜と、
もちぷち食感な一品。
mochimugi gohan
すべて国産
そのまま レンジでチン！
1分30秒
500w
簡単・便利！
食でつながる笑顔を未来へ
おくさま印
0120-49-4158
幸南食糧株式会社
【受付時間】平日 月~金曜日 9時~17時まで
おくさま印
検索

日本の明るい食卓のために！

私たちはお米を通じて、素晴らしい日本の水田、

文化を守り、おいしさと幸せを創造して、人々の明るい食生活に貢献します

https://www.akafuji.co.jp/

きっと見つかる、理想の米粉

米粉はみたけ

みたけ食品工業株式会社
https://www.mitake-shokuhin.co.jp

本社　〒335-0023　埼玉県戸田市本町1丁目5番7号
TEL：048-441-3420　FAX：048-442-3567
鴻巣工場　名古屋営業所

グルテンフリー・6次産業化・地産地消で
米粉の新しい価値の創造へ、製粉技術で貢献します。

創業以来88年にわたり米粉に携わり、国内および世界で豊富な納入実績とノウハウ

進化する製粉技術

米粉の用途が広がっています。
これまでにない食感や米独自の風味を
活かした食品が作れます。

【米粉パン】

【バウムクーヘン】

【アルファー化米粉添加
パンケーキ】

株式会社西村機械製作所
NISHIMURA MACHINE WORKS CO.,LTD.

大阪本社 〒581-0088 大阪府八尾市松山町2丁目6番9号 TEL 072-991-2461 / FAX 072-993-6334
東京支店 〒103-0001 東京都中央区日本橋小伝馬町7-16 TEL 03-3808-1091 / FAX 03-3808-092
米粉について詳しくは 検索 米粉 湿式製粉 米粉専門HP http://www.rice-flour.jp



Onisi

「いざ」という時ほど
おいしいものが食べたい

尾西(おにし)のおいしい
非常食

尾西食品株式会社

www.onisifoods.co.jp



Riz Farine

国産米100%の微粉砕米粉

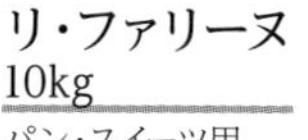

リ・ファリーヌ
10kg
パン・スイーツ用
国産うるち米粉

リ・ファリーヌ
レジェール 10kg
製菓・製パン惣菜向け
国産もち粉

釜印 群馬製粉株式会社
Gunma Flour Milling Co.,Ltd.

お米と。あなたと。
木徳神糧

東京都千代田区神田小川町2-8　木徳神糧小川町ビル
TEL 03-3233-5121(代表)　FAX 03-3233-5131
www.kitoku-shinryo.co.jp

熊本製粉は、2006年発売以来、お客様の日常に寄り添い、手軽に楽しめる商品として、米粉シリーズを提供してきました。
パン・菓子・麺など、あらゆる分野で、米粉だからできる『おいしさ』と『アレルギーに配慮した』商品で、食卓の可能性を拡げます。

暮らしにすてきをとどけたい
Bears 熊本製粉
TEL 096-355-1223
熊本市西区花園1丁目25番1号
【商品に関するお問合せ先】
https://bearsk.com

パンケーキミックス感覚で
人気和スイーツができる!

和菓子専用ミックス粉

1 和菓子には珍しい和のミックス粉
パンケーキミックスやたこ焼きミックス感覚でお使いください。
2 グルテンフリー
主原料には米粉やわらび粉などを用い、小麦粉不使用。
3 水を加えてレンジでチン♪
手順はかんたん。かるかんは蒸します。
4 粉屋×和菓子屋のノウハウ結集
和菓子屋から始まった粉屋のブレンド技術でミックス粉に。
5 お好みの味付けでバリエーション
大福に果物、わらび餅にきなこ・抹茶パウダーで楽しんで。

米飯・寿司・おにぎり・弁当などの製造販売

エスアールジャパン株式会社

〒570-0002　大阪府守口市佐太中町7丁目1番18号
TEL 06-6905-1233(代)　http://www.srjp.co.jp

(株)神崎フード ／ 第三セクター
兵庫県神崎郡神河町粟賀町430番地
(株)藤デリカ
大阪府和泉市池田下町1154番地

Creating the Future
SATAKE

サタケは、食の総合プラントメーカーへ。

# 食で世界を変えていく。

激しい時代の変化に対応するため、
サタケは120年以上の歴史で培われたノウハウに加え、
「S-DX（サタケ・デジタル・トランスフォーメーション）」という、
デジタルソリューションの取り組みを加速しています。
例えば、Wi-Fi機能を搭載した機器同士の通信は、安定した
生産を可能にし、「米の品質保証の確立」へ繋がります。
AIやIoTを最大限に活用するサタケは、
連結したシステム構築の総合プラントメーカーとして、
お客様の飛躍と共に、持続可能で豊かな地球を目指します。

株式会社 サタケ　https://satake-japan.co.jp